"十四五"高等职业教育公共课程新形态一体化系列教材

信息技术应用项目教程

孙英姝◎主　编
逄秀娟　薛　莲◎副主编
秦　武◎主　审

中国铁道出版社有限公司

2025年·北　京

内 容 简 介

本书由浅入深、逐层递进安排内容,全面细致地介绍了信息技术的相关内容,主要包括计算机基础知识、Windows 10 操作系统、简报、简历、宣传画、试卷、成绩通知单、成绩表文稿制作与创建,网络应用、信息素养与社会责任等。全书突出职业教育特点,突出时代特征、强调"四新"要求。本书特提供制作素材及课件资源,可联系 xinxijishu_tjtdxy@126.com 获取。

本书可供高等职业院校各专业学生使用,也可作为全国计算机等级考试(一级 MS Office)的参考用书。

图书在版编目(CIP)数据

信息技术应用项目教程/孙英姝主编.—北京:中国铁道出版社有限公司,2022.11(2025.1 重印)
"十四五"高等职业教育公共课程新形态一体化系列教材
ISBN 978-7-113-29469-4

Ⅰ.①信…　Ⅱ.①孙…　Ⅲ.①Windows 操作系统-高等职业教育-教材②办公自动化-应用软件-高等职业教育-教材③Office 2016　Ⅳ.①TP316.7②TP317.1

中国版本图书馆 CIP 数据核字(2022)第 131054 号

书　　　名:信息技术应用项目教程
作　　　者:孙英姝

责任编辑:李露露　　　编辑部电话:(010)51873240　　　电子邮箱:790970739@qq.com
封面设计:曾　程　刘　颖
责任校对:焦桂荣
责任印制:高春晓

出版发行:中国铁道出版社有限公司(100054,北京市西城区右安门西街 8 号)
网　　　址:https://www.tdpress.com
印　　　刷:三河市宏盛印务有限公司
版　　　次:2022 年 11 月第 1 版　2025 年 1 月第 4 次印刷
开　　　本:787 mm×1 092 mm　1/16　印张:15.5　字数:389 千
书　　　号:ISBN 978-7-113-29469-4
定　　　价:45.00 元

前言

信息技术课程是高等职业教育各专业学生必修或限定选修的公共基础课程。学生通过学习本课程,能够增强信息意识、提升计算思维、促进数字化创新与发展能力,为其职业发展、终身学习和服务社会奠定基础。

高职院校面临的教学对象具有多层次、多样化的特点,有些学生已经掌握了较为丰富的计算机知识,而有些学生因条件限制,并没有受过系统的计算机基础教育,这就对信息技术应用课程的教学提出了更高的要求。为配合信息技术应用课程的教学,帮助学生更好地提升信息技术核心素养,提高应用信息技术解决问题的综合能力,我们编写了《信息技术应用项目教程》一书。

本书依据《高等职业教育专科信息技术课程标准(2021年版)》,结合全国计算机等级考试的一级、二级考试大纲,按照突出技能性、应用性、实践性的原则,共分为十四个项目,其中每个项目都包括应完成的目标、应掌握的知识点、必要的操作步骤及操作过程的技巧和相关知识的扩展。本书的编写以知识点为基础,通过具体项目案例来讲解操作步骤,巩固所学知识点,使学生既能掌握计算机的基本原理,又具有一定的计算机操作能力,从而达到预定的学习目标。本书采用任务导向,教、学、做一体化的教学模式,重点突出,案例经过精心设计、多年实践,将理论知识和实际操作有机结合,充分体现了高等职业教育教学的特色,突出实用性、操作性,便于教与学,学生能很快掌握相应的知识和技能。

本书由天津铁道职业技术学院孙英姝任主编,天津铁道职业技术学院逄秀娟、薛莲任副主编,天津铁道职业技术学院秦武任主审。天津铁道职业技术学院张革华、马金花、张剑参与本书的编写工作。具体编写分工为:项目一、项目二、项目七由孙英姝编写;项目六、项目九、项目十、项目十一由逄秀娟编写;项目三、项目四、项目五、项目十三由薛莲编写;项目八由张革华编写;项目十二由逄秀娟和马金花共同编写;项目十四由马金花编写。全书由张剑校对,孙英姝统稿。

在本书编写过程中,众多领导和同行给予了大力支持,并提出了许多宝贵意见和建议,在此表示感谢!

由于编者水平有限,书中疏漏和不足之处在所难免,恳请读者和专家批评指正!

编　者

2022年4月

目录

项目一　计算机基础理论和新一代信息技术

 项目描述

在当前的信息化社会中,计算机和网络技术日益普及,应用计算机进行学习和工作已经成为新时代人才必须具备的最基本的素质。本项目主要介绍计算机基础理论和新一代信息技术,对于提升信息素养,加强个人在信息社会的适应力与创造力具有重大意义。

 项目目标

学习目标:

1. 了解计算机的发展、分类和应用领域。
2. 了解计算机的发展趋势。
3. 掌握计算机的数据处理。
4. 掌握计算机系统的组成。
5. 了解多媒体技术的基本知识。
6. 了解计算机病毒的基本知识。
7. 了解新一代信息技术。

能力目标:

1. 能够进行计算机数据进制的转换。
2. 能够建立计算机系统观。
3. 能够具有计算机病毒的防范意识。

素质目标:

1. 提升网络安全意识。
2. 勇于探索未知,掌握过硬本领,适应新技术迅猛发展新时代的需要。

 知识储备

(一)计算机发展概况

1. 第一台计算机

世界上第一台电子计算机于 1946 年 2 月由美国宾夕法尼亚大学设计制造成功,名为 ENIAC(Electronic Numerical Integrator And Computer),中文翻译为埃尼阿克。

这台计算机用了大约 18 000 个电子管,1 500 个继电器,重达 30 t,占地 170 m²,耗电功率约 150 kW,使用线路连接的方法进行编程,每秒可进行 5 000 次运算,如图 1-1 所示。

图 1-1　第一台计算机 ENIAC

2. 计算机发展的四个阶段

计算机的发展按其主要采用的电子元件分为四个阶段：

(1)第一代：电子管计算机时代(1945—1958 年)

采用电子管为主要元件；汞延迟线、磁鼓、磁芯作为主存储器；磁带作为辅助存储器。这一时期主要使用机器语言、汇编语言来进行计算机的控制，而应用领域则以军事和科学计算为主。

(2)第二代：晶体管计算机时代(1958—1964 年)

采用晶体管为主要元件；磁芯作为主存储器；磁盘和磁带作为辅助存储器。这一时期出现了 Cobol 和 Fortran 高级语言及其编译程序，计算机开始应用于商业及工业控制领域的事务处理。第二代计算机体积小、速度快、功耗低、可靠性提高、运算速度提高(一般为每秒数十万次)。

(3)第三代：中小规模集成电路时代(1964—1970 年)

采用集成电路为主要元件；开始使用半导体为主存储器；有了分时操作系统以及结构化、规模化的程序设计方法，使得计算机可以在中心程序的控制协调下同时运行不同的程序；应用领域也扩展到了文字处理和图形图像处理。

(4)第四代：大规模、超大规模集成电路时代(1971 年至今)

采用大规模、超大规模集成电路(LSI 和 VLSI)为主要元件。1971 年在美国硅谷诞生了世界上第一台微处理器，开启了微型计算机的新时代。这一时期开始出现了数据库管理系统、网络管理系统和面向对象语言等。应用领域从科学计算、过程控制慢慢走向家庭。

(二)计算机的分类

按照不同的分类标准，计算机有不同的分类：

1. 按计算机所处理的数据类型可分为：模拟计算机、数字计算机

模拟计算机是根据相似原理，用一种连续变化的模拟量(电压/电流)作为被运算的对象的计算机。它以电子线路构成基本运算部件，以并行部件为基础，运算速度快，耗能少，但精度不高，通用性差，主要用于模拟计算、科学研究等领域。

数字计算机采用二进制数字表示信息，用数字逻辑电路作为基本部件，因此运算速度快、

精度高、存储量大。通常所说的电子计算机都是指数字计算机。

2. 按计算机的字长可分为：8 位、16 位、32 位、64 位。

字长是指计算机一次能够并行处理的二进制位数。字长是计算机能力和精度的重要指标，字长越长，计算机处理数据的速度越快。

3. 按计算机的性能规模可分为：巨型机、大/中型机、服务器、工作站、微机

巨型机：又称为超级计算机。这种计算机运算速度很高、存储容量大、功能超强、结构复杂、价格昂贵，主要用于国防和尖端科学领域，因此也是衡量一个国家科学实力的重要标志之一。

大/中型机：规模仅次于巨型机，响应速度快，可以几年不间断地运行，因而可以替代数以百计的服务器，主要用于大型计算中心、金融业务等。

服务器：在网络中专门为其他计算机提供资源和服务的计算机。服务器具有高速运算能力、长时间可靠运行以及更好的扩展性等特点。

工作站：是一种高端的通用型微机，为了单用户使用，其运算速度、内存容量等均优于普通微机，尤其是在图形处理、任务并行方面的能力，多用于计算机辅助设计制造、图形和图像处理、工程计算等方面。

微机：又称为个人计算机（PC）。特点是体积小、价格便宜、使用方便、易于普及和推广，被广泛使用于我们社会生活的方方面面。

（三）计算机的应用领域

1. 科学计算

科学计算是计算机应用的一个重要领域，如航天技术、高能物理、天气预报、工程设计等。和人工计算相比，计算机具有速度快、精度高、大容量存储、连续运算不会疲劳等优势。

2. 数据处理

对数字、文字、图像、视频、声音等数据信息进行存储整理等一系列活动都可以称为数据处理，广泛应用于办公自动化、情报检索、图书管理等方面。

3. 过程控制

利用计算机检测、采集数据，按最佳值迅速对控制对象进行自动调节、控制的过程，广泛应用于自动监测、记录、统计、调节和控制生产过程等方面。

4. 计算机辅助系统

利用计算机进行辅助工作主要体现在以下四个方面：

（1）计算机辅助设计（CAD）

计算机辅助设计是指利用计算机及其图形设备帮助设计人员进行计算、信息存储和制图等工作，如图形的编辑、放大、缩小、平移和旋转等有关的图形数据加工。

（2）计算机辅助制造（CAM）

计算机辅助制造是指在机械制造业中利用电子计算机通过各种数值控制机床和设备，自动完成离散产品的加工、装配、检测和包装制造等过程。

（3）计算机辅助教学（CAI）

计算机辅助教学是在计算机辅助下进行各种教学活动，与学生讨论教学内容、安排教学进程、进行教学训练的方法与技术，使学生能在轻松的教学环境中学到知识，减轻教师的教学负担，提高教学效果。

（4）计算机辅助测试（CAT）

计算机辅助测试是指利用计算机协助进行测试的一种方法。

5．网络通信

利用通信线路和设备将分布在不同地理位置上的具有独立功能的计算机连接在一起，可以实现信息流通和资源共享。

6．人工智能

将人类的许多思考、推理规则和采取的策略技巧编成计算机能够理解执行的程序，模拟人的思维判断等智能活动，使计算机具有自适应学习和逻辑推理的功能，让计算机去分析问题解决问题，是计算机技术应用研究的前沿学科。

（四）计算机的发展趋势

1．巨型化

巨型化是指计算机的计算速度更快、存储容量更大、功能更完善。

2．微型化

微型化是指发展体积小、功能强、价格低、可靠性高、适用范围广的计算机。

3．网络化

网络化是指利用现代通信技术和计算机技术，把分布在不同地点的计算机互联起来，按照网络协议相互通信，来共享硬件、软件和数据资源。目前，计算机网络在交通、金融、教育、商业、娱乐等行业中都有广泛的应用。

4．智能化

智能化是指计算机具有模拟人的感觉和思维的能力。智能计算机具有解决问题、逻辑推理以及知识处理和管理等功能。目前，人工智能技术发展迅猛，大幅度跨越了科学与应用之间的"技术鸿沟"，诸如图像识别、语音识别、人机对弈、无人驾驶等人工智能技术实现了技术突破，迎来爆发式发展的高潮。

（五）计算机数据的处理

计算机最基本的功能是进行数据的计算和处理，包括数值、文字、图像、声音、视频等多种数据形式。计算机对数据的处理是由复杂的数学逻辑电路完成，因此在计算机中数据的处理方法与日常生活是不同的。

1．计算机采用二进制

在计算机中，数据的表示与存储均采用二进制形式。主要原因如下：

（1）稳定性

二进制在物理上最容易实现。二进制数只有"0"和"1"两个数字符号，因此一个具有两种不同稳定状态且可以相互转换的器件就可以用来表示一位二进制数，如开关的接通与断开、电灯的亮与灭等。

（2）简易性

二进制数是运算规则最简单的数制，可以使计算机的硬件结构大大简化。

（3）逻辑性

二进制只有两个数码"1"和"0"，正好与逻辑命题的"真"和"假"相吻合，为计算机实现逻辑运算和程序中的逻辑判断提供了便利条件。

2．常用数制

数制也称计数制，是指用一组固定的符号和统一的规则来表示数值的方法。一般来说，如

果采用 R 个基本符号,按照"逢 R 进一"的原则进行计数的数制,称为 R 进制。日常生活中常使用的数据一般是十进制,而计算机中,所有数据都使用二进制表示,但有时为了书写方便,也采用八进制或十六进制,表 1-1 为常用数制的基本符号和表示形式。

表 1-1　常用数制的基本符号和表示形式

进位制	基本符号	表示形式
二进制	0,1	B
八进制	0,1,2,3,4,5,6,7	O
十进制	0,1,2,3,4,5,6,7,8,9	D
十六进制	0,1,2,3,4,5,6,7,8,9,A,B,C,D,E,F	H

在计算机学科中,用括号加数制下标的方法表示不同的数制,如:

二进制:$(1101.101)_2$ 或 $(1101.101)_B$

十进制:$(25)_{10}$ 或 $(25)_D$

十六进制:$(37F.5B9)_{16}$ 或 $(37F.5B9)_H$

3. R 进制转换为十进制

将 R 进制转换为十进制的方法是将 R 进制按权展开求和。

[例 1]将十六进制数 234 转换为 10 进制数。

[解]$(234)_H=(2\times16^2+3\times16^1+4\times16^0)_D=(564)_D$

[例 2]将八进制数 234 转换为 10 进制数。

[解]$(234)_O=(2\times8^2+3\times8^1+4\times8^0)_D=(156)_D$

4. 将十进制转换成 R 进制

将十进制转换成 R 进制需要将整数和小数部分分别转换再拼接。整数部分采用"除 R 取余"法,余数从下到上排列;小数部分采用"乘 R 取整"法,整数从上到下排列。

[例 3]将十进制数 225.8125 转换成二进制数。

[解]$(225.8125)_D=(11100001.1101)_B$

过程如下:

```
整数部分:                      小数部分:

2 | 225    余1    低位            0.8125              高位
2 | 112    余0                   ×    2      取整      ↑
2 |  56    余0                   1.6250        1
2 |  28    余0                   ×    2
2 |  14    余0                   1.2500        1
2 |   7    余1                   ×    2
2 |   3    余1                   0.5000        0
2 |   1    余1    高位           ×    2
      0                          1.0000        1      低位
```

[例 4]将十进制数 225.15 转换成八进制数,保留小数点后 3 位。

[解]$(225.15)_D=(341.114)_O$

过程如下:

整数部分：　　　　　　　　　　　　小数部分：

```
8 | 225    余1    低位              0.15              高位
8 |  28    余4     ↓          ×       8    取整    ↑
8 |   3    余3    高位              1.20        1
        0                    ×       8
                                   1.60        1
                             ×       8
                                   4.8         4    低位
```

5. 二进制转换为八、十六进制

由于 $8=2^3$，所以 1 位八进制数对应 3 位二进制数，根据这种对应关系将二进制转换为八进制时，可以小数点为中心，分别向左右将 3 位二进制数分为一组，不足 3 位用 0 补足（整数部分在高位补，小数部分在低位补），然后将每组转换为相应的八进制数即可。

［例 5］将二进制数 $(1101101110.110101)_B$ 转换为八进制数。

［解］ $(\underline{001}\ \underline{101}\ \underline{101}\ \underline{110}.\ \underline{110}\ \underline{101})_B$
　　$=(\ 1\quad 5\quad 5\quad 6.\quad 6\quad 5\ )_O$

同理由于 $16=2^4$，所以 1 位十六进制数对应 4 位二进制数，二进制数转换为 16 进制数只需 4 位二进制分为一组即可。

［例 6］将二进制数 $(1101101110.110101)_B$ 转换为十六进制数。

［解］ $(\underline{0011}\ \underline{0110}\ \underline{1110}.\ \underline{1101}\ \underline{0100})_B$
　　$=(\ 3\quad 6\quad E.\quad D\quad 4\ )_H$

6. 八、十六进制转换为二进制

八、十六进制数转换为二进制数只需将每位数转换为相应的 3、4 位二进制数即可。

［例 7］将八进制数 $(144.26)_O$ 转换为二进制数。

［解］ $(144.26)_O=(\underline{001}\ \underline{100}\ \underline{100}.\ \underline{010}\ \underline{110})_B=(1100100.010110)_B$

［例 8］将十六进制数 5FD4.A3 转换为二进制数。

解： $(5FD4.A3)_H=(\underline{0101}\ \underline{1111}\ \underline{1101}\ \underline{0100}.\ \underline{1010}\ \underline{0011})_B$
　　　　　　　　$=(101111111010100.10100011)_B$

7. 数据的单位

(1)位(bit)：是计算机中数据中最小的单位。二进制代码中的一个数码称为 1 位。

(2)字节(Byte)：字节是计算机用于计量数据的一种基本单位，一个字节由 8 位二进制数字组成，为了衡量存储器的大小，统一以字节(Byte/B)为单位，1 Byte=8 bit。

(3)KB、MB、GB 和 TB

常用来衡量数据大小的单位还有 KB、MB、GB 和 TB 等，换算关系如下：

1 KB$=2^{10}$ B$=1024$ B

1 MB$=2^{10}$ KB$=1024$ KB$=2^{20}$ B

1 GB$=2^{10}$ MB$=1024$ MB$=2^{30}$ B

1 TB$=2^{10}$ GB$=1024$ GB$=2^{40}$ B

8. 数据的编码

计算机中处理的数据可以分为数值型和非数值型两大类，而不论哪种类型，最终都需要使用二进制的数字化编码来表示，从而使计算机能够进行计算和处理。数值型数据主要涉及计算机内数据的运算方法,本书不做过多说明。下面简要介绍关于非数值型数据的编码。

（1）西文编码

最常用的西文编码是 ASCII 码（American Standard Code for Information Interchange），目前被认为是西文编码的国际通用标准。该标准采用 7 位二进制数表示一个字符,共有 2^7＝128 个编码值,可以表示 128 个不同的字符。计算机内用一个字节（8 个二进制位）存放一个 7 位 ASCII 码,最高位为 0。

（2）汉字编码

汉字的处理过程,如图 1-2 所示。

图 1-2 汉字的处理过程

输入码:即输入法。一个好的输入码应该编码短、重码少、好学好记,但目前还没有全部符合要求的输入法。常用的输入码类别有音码、形码、语音输入、手写输入等。

国标码:我国于 1981 年颁布了国家标准 GB 2312《信息交换用汉字编码字符集　基本级》,简称 GB 国标码。该标准把最常用的 6 763 个汉字分成 2 级:一级 3 755 个,按汉语拼音字母次序排列;二级 3 008 个,按偏旁部首排列。因为一个字节只能表示 2^8＝256 种编码,无法将 6 763 个汉字全部表示出来,所以 GB 国标码用 2 个字节来表示一个汉字,每个字节最高位是 0。

机内码:汉字处理系统要保证中西文的兼容,为了避免 ASCII 码和国标码产生二义性,需将国标码每个字节最高位由 0 变 1,称为机内码。

字形码:经过计算机处理的汉字信息,要显示或打印出来,需要对字形进行编码,通常有两种方式:

①点阵法:点阵式代码一般采用 16×16 或 24×24 或 48×48 点阵。以 16×16 点阵为例:把一个汉字用 16×16 的网格进行分割,每个小格用一位二进制数来编码,0 表示无笔画,1 表示有笔画,最终则可以用一组二进制数表示出这个汉字,用 16×16 点阵式表示的字形码,每个字需要使用 2 字节×16 行＝32 字节的存储空间,如图 1-3 所示。

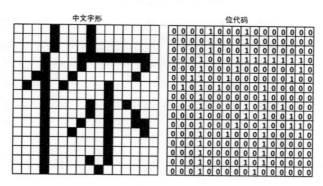

图 1-3 16×16 点阵字形

②矢量法:采用点阵法输出的汉字放大后容易出现锯齿状失真,如果想要字形清晰美观,就需要较大的存储空间,而矢量法则避免了这类缺陷。矢量法存储的是描述汉字字形的轮廓特征信息,输出汉字时通过计算机的计算即时生成所需大小和形状的汉字点阵,放大后不会失

真,可以产生高质量的汉字输出。

（六）计算机系统的组成

现代计算机系统的体系结构主要是依据美籍匈牙利数学家冯·诺伊曼提出的"存储程序控制"原理来进行设计的,包含有以下三点设计思想:

（1）一个完整的硬件系统由控制器、运算器、存储器、输入设备、输出设备五大功能部件组成。

（2）采用二进制表示计算机指令和数据。

（3）将程序和数据放在存储器中,让计算机自动执行程序。

据此设计思想,一个完整的计算机系统分为硬件系统和软件系统两大部分,二者密不可分,相辅相成。

1. 硬件系统

硬件系统是组成计算机系统的各种物理设备的总称,是计算机能够工作的物质基础,一台计算机性能的高低很大程度上取决于硬件的配置。计算机的硬件主要有以下五大部件:

（1）控制器

控制器是计算机的指挥中心,负责控制各部件协调的工作。在控制器的指挥下,计算机能够自动按照程序设定的步骤进行一系列操作,完成特定任务。在硬件构造上,控制器和运算器集成在一块芯片上,构成中央处理器 CPU（Central Processing Unit）。

（2）运算器

运算器主要完成各种算术运算和逻辑运算,其中算术逻辑单元是中央处理器的核心部分。

（3）存储器

存储器是用来存储程序和数据的"记忆"部件。根据作用和功能的不同,存储器可分为:

①内存储器（主存）:用于暂时存放 CPU 中的运算数据,和 CPU 直接交换信息。内存储器根据工作原理不同又可分为 ROM 和 RAM。

ROM:只读存储器（Read Only Memory）,是由计算机制造厂家用特殊方式写入并固化在里面,内容不能被修改和破坏,断电时信息也不会丢失。

RAM:随机存储器（Radom Access Memory）,数据既可读取也可写入,速度很快,但当计算机关闭电源,存储的信息会丢失。生活当中常说的内存主要指 RAM。

②外存储器（辅存）:外存储器是和内存储器相对应的一个概念,也被称为辅助存储器。外存储器用来存储暂时不被使用的程序或数据,特点是容量大,断电或关机后信息不丢失,当需要时被调入内存与 CPU 交换信息。常用的外存储器有硬盘、光盘、U 盘、存储卡等。

（4）输入设备

输入设备是将程序、数据输入到计算机存储器中的设备。常用的输入设备有键盘、鼠标、扫描仪等。

（5）输出设备

输出设备是将计算机的处理结果表示出来的设备。常用的输出设备有显示器、打印机、投影仪等。

①显示器:即计算机屏幕,接收计算机信号并形成图像供用户使用,是实现人机对话的主要工具。

显示器按工作原理可分为两类:

a. 阴极射线管显示器（CRT）:是一种使用阴极射线管的显示器,如图 1-4 所示。具有可视角度大、无坏点、色彩还原度高等优势,但也有体积大、有辐射、对刷新频率有要求等缺点,目前已基本被液晶显示器取代。

b. 液晶显示器(LCD):是利用液晶的电光效应调制外界光线进行显示的显示器,如图1-5所示。具有体积小、辐射小以及节能等优势。

图1-4 CRT显示器

图1-5 LCD显示器

显示器的性能指标主要有:

a. 分辨率:显示器显示的内容都是由一个个像素组成的,屏幕上纵横方向上的像素点数即为屏幕分辨率。分辨率越高,图像越清晰。

b. 刷新频率:显示器每秒所能显示的图像次数,单位为赫兹(Hz)。刷新频率越高,图像闪烁越小,画面质量越高。

②打印机:主要用于将计算机处理结果打印在相关介质上做长期保存。

常见的打印机主要有:

a. 针式打印机:是一种击打式打印机,让打印头上的钢针通过色带在打印纸上击打来实现打印,因其打印成本低及易用性而主要用于银行、超市等票单的打印。

b. 喷墨打印机:将彩色液体油墨经喷嘴变成细小微粒喷到打印纸上来实现打印功能,具有良好的打印效果且价位较低的优点,既可以打印信封、信纸等普通介质,也可以打印胶片、照片纸等特殊介质。

c. 激光打印机:利用激光加热将墨粉固定在纸上来实现打印功能。激光打印机的价格比喷墨打印机昂贵,但单页打印成本较低,是办公室常见的打印机。

2. 软件系统

计算机软件是指计算机执行的程序,即指令和数据。计算机的软件系统通常分为两大类:

(1)系统软件

系统软件是管理、监控、维护计算机正常工作,管理计算机的硬件资源,使之能够充分发挥作用,以方便用户操作使用计算机的软件。它主要包括以下几个部分:

①操作系统(Operating System):是介于硬件和应用软件之间、直接运行在裸机上的最基本的系统软件,是系统软件的核心;负责管理计算机中各种软硬件资源并控制各类软件运行;是用户与计算机的接口,为用户提供清晰、简洁、友好、易用的工作界面。常见的操作系统有DOS、Windows、Linux、Unix 及 Mac 等。

②程序设计语言:人与计算机进行信息交换使用的语言为程序设计语言。程序设计语言经历了以下三个发展阶段:

机器语言：是一种面向机器的语言，它是由"0"和"1"组成的指令集合，可以被计算机直接识别并执行。计算机只能识别二进制数，因此任何其他语言编写的程序最终都必须转换成机器语言才能被执行。

汇编语言：用助记符号代替机器指令，是一种面向机器的程序设计语言，但不能在不同的计算机系统间通用。汇编语言需要经过汇编程序翻译成机器语言才能被执行。

高级语言：是独立于计算机硬件、有统一的语法规则，面向过程或面向对象的语言。高级语言易读易记、通用性强，便于推广交流，可以大大提高程序设计效率。常用的高级语言有Basic、C/C++、Java 等。

高级语言编写的程序若要被计算机执行，也需要翻译成机器语言。翻译的方式有两种：一种是解释，另一种是编译。

解释是用"解释程序"将源程序中的语句逐条翻译成机器代码，翻译一条，执行一条，解释后立即出现运行结果，并不生成目标程序。

编译是用"编译程序"将源程序翻译成机器语言表示的目标程序，经过连接程序形成计算机可执行程序，然后交给计算机自动执行产生运行结果。

③数据库管理系统（Data Base Management System，DBMS）：是对数据进行管理的系统软件，主要用于对数据的存储、查询、修改、分类、统计等工作。常用的数据库系统有 Access、MySQL 和 Oracle 等。

④服务程序：支持或维护操作系统的工具性或服务性程序。如维护诊断程序、动态调试程序、库管理程序等。

（2）应用软件

应用软件是在系统软件的支持下，为解决某类实际问题而编写的程序。如办公类软件Microsoft Office 和 WPS Office；图像处理软件 PhotoShop、AutoCAD、CorelDraw；视频剪辑类软件 Premiere、会声会影；各种图书、人事、学籍、金融、销售等信息管理系统。

（七）多媒体技术

媒体是指传递信息的载体，如文字、声音、图形图像、视频、动画等。在计算机中，能够同时对文字、声音、图形图像、动画和视频等多种媒体进行采集、操作、编辑和存储等综合处理的技术称为多媒体技术。

1. 多媒体技术的特征

（1）交互性

交互性是指用户与计算机可以进行"对话"的特性，是多媒体应用区别于传统信息交流媒体的主要特点之一。传统媒体只能单向、被动地传播信息，而多媒体技术则可以实现人对信息的主动选择和控制。

（2）集成性

集成性是指将多种媒体有机地结合在一起，共同表达一个完整的信息。

（3）多样性

多样性是指可以综合处理文本、声音、图形图像、视频、动画等多种形式的媒体信息。

（4）实时性

实时性是指当用户给出操作命令时，相应的多媒体信息都能够得到实时控制。

（5）非线性

非线性是指改变传统的循序性的读写模式，将内容以更灵活、更具变化的方式呈现给用户使用。

2. 多媒体信息的处理

(1)声音

在计算机中需要将声音数字化后再进行存储,主要包括以下 3 个过程:

①采样:以固定的时间间隔获取声音符号的幅度值并记录下来。采样的时间间隔称为采样周期,采样周期的倒数称为采样频率,频率越高,声音的质量越好。

②量化:将采样记录下来的幅度值以数字存储。通常的量化位数为 8 位、16 位等,位数越大则声音质量越好,需要的存储空间也就越多。

③编码:将量化后的二进制数值以一定的格式和规则进行存储。

将声音的编码按照不同的方式和规则进行压缩后,是以文件的形式进行保存的。而不同的方式和规则,最终形成不同的音频文件格式,常见的音频文件格式有以下几种:

WAV:波形声音文件。WAV 是微软和 IBM 共同开发的 PC 标准声音格式,对自然界的真实声音进行采样编码,依照声音的波形进行存储,需要占用较大的存储空间。

MP3:是 MPEG 标准中的音频部分,它被设计用来大幅度降低音频数据量,优点是音质高,压缩后占用空间小,便于移动和存储。

WMA:全称是 Windows Media Audio,是 Microsoft 公司力推的一种音频格式,以减少数据量但保持音质的方法来达到比 MP3 压缩率更高的目的。

MIDI:全称是 Musical Instrument Digital Interface,MID 文件格式由 MIDI 继承而来。它并不是一段声音,而是记录声音的信息然后再告诉声卡如何再现音乐的一组指令,本身并不包含波形数据,因此文件非常小巧。MID 格式的最大用处是在计算机作曲领域。

(2)图像

计算机中的图像主要来源于现实生活中图像的数字化以及由计算机绘图程序生成这两种方式,分为点位图和矢量图两种。

①点位图:是把一幅图像分成许多的像素,每个像素用若干个二进制数来指定其颜色、亮度和属性,因而一幅图像由许多描述像素的数据组成。数字化后进入计算机的图像,一般都是用点位图来表示和描述的。点位图文件的质量与分辨率和色彩的颜色种类有关,图像有固定数量的像素,放大或缩小会丢失细节,出现锯齿边缘失真。

②矢量图:用指令表示图像,存储一组描述大小、位置、颜色等属性的指令结合,通过相应的绘图软件读取指令并转换为输出设备上显示的图形。矢量图与分辨率无关,不会出现失真现象。

对于图像,同样有很多种不同的文件格式,常见的文件格式如下:

BMP:是 Bitmap(位图)的缩写,是 Windows 操作系统中的标准图像文件格式,这种格式的特点是包含图像信息较丰富,几乎不进行压缩,因而占用磁盘空间过大。

JPEG:是利用 JPEG 编码压缩技术的一种图像格式,获取极高压缩率的同时能展现十分丰富生动的图像,可以创建高质量图像的小文件,是目前应用最为广泛的一种格式。

GIF:该格式使用无损压缩来减少图片的大小,用户在保存时可自行决定是否要保存透明区域,但不能存储超过 256 色的图像。同时该格式还支持图像内的多画面循环显示,作为小型动画来保存。

PNG:结合 GIF 和 JPEG 二者的优点,能把文件压缩到极限以利于网络传输,同时又能保留所有与图像品质有关的信息。显示速度快,只需下载 1/64 的图像信息就可以显示出低分辨率的预览图像,并且可以设置透明图像背景。

TIFF:是标记图像文件格式,最早为了存储扫描仪图像而设计。该格式存储信息多、质量高,非常有利于原稿的复制。

PSD:是图像处理软件 Photoshop 的专用格式,包含有各种图层、通道、遮罩等多种图像信息,便于下次打开文件时进行修改。

SVG:全称为 Scalable Vector Graphics,意思为可缩放矢量图形。它是基于 XML 进行开发的,具有可以任意放大图形显示的优势,并且不会以牺牲图像质量为代价。平均来讲,SVG 文件比 JPEG 和 PNG 格式的文件要小得多,因此下载也很快。

(3)视频和动画

视频就是"动态图像",是由一系列静态图像按顺序排列组成,通过快速播放,利用人眼的视觉暂留效应而产生连续运动的效果。动画的原理与视频相一致,主要区别在于动画的每帧画面是利用计算机图形技术制作而成,视频则是模拟信号数字化后的结果或由数字化形式表示和记录的连续图像信息。常用视频文件格式如下:

AVI:全称为 Audio Video Interactive,是基于 Windows 平台推出的一种音频视频交叉记录的数字视频文件格式。AVI 格式限制较多,只能有一个视频轨道和一个音频轨道,且占用存储空间较大。

WMV:是 Microsoft 公司开发的一系列视频编解码及其相关视频编码格式的统称,在同等视频质量下,这种格式的体积非常小,适合在网上播放和传输。

MPEG:MPEG(动态图像专家组)是 ISO(国际标准化组织)与 IEC(国际电工委员会)于 1988 年成立的专门针对运动图像和语音压缩制定国际标准的组织。较为常见的标准有:MPEG-1 是为 VCD 光盘介质定制的压缩标准;MPEG-2 是为 DVD 光盘介质定制的压缩标准;MPEG-4 是为网络流通的运动图像定制的压缩标准。

(八)计算机病毒

计算机病毒是指编制或在计算机程序中插入的破坏计算机功能或数据,影响计算机使用并能够自我复制的一组计算机指令或程序代码。

1. 计算机病毒的特征

计算机病毒实际上也是一种程序,之所以称为"病毒",是因其具有以下特征:

(1)潜伏性

一般情况下,计算机系统被病毒感染后,并不会立即发作,而是具有一段时间的潜伏期,由特定的条件触发而开始发作。

(2)隐蔽性

计算机病毒通常会以人们熟悉的程序形式存在,很难被用户发现,如将自身设置为隐藏属性、修改文件名伪装成系统文件等多种方式。

(3)传染性

计算机病毒一般都具有自我复制功能,并可以通过移动存储设备、电子邮件、网络浏览等方式感染到其他计算机上。

(4)破坏性

计算机病毒发作后,会破坏系统中的文件和数据,病毒会连续不断的自我复制,占用大部分系统资源,减缓计算机的运行速度,严重时可导致系统瘫痪,无法修复。

（5）寄生性

计算机病毒大多并不是一个普通意义上的完整程序，一般寄生在程序中，随着文件的运行而开始感染其他文件。

2. 计算机病毒的分类

病毒的种类多种多样，常见的类型主要有以下几种：

（1）引导区型病毒

20世纪90年代最为流行的一种病毒，在DOS环境下传播，主要感染软盘及硬盘的引导区，用病毒的部分或全部代码取代正常引导记录，获得系统控制权。

（2）文件型病毒

主要感染扩展名为.EXE、.SYS、.DRV等可执行文件，病毒寄生在可执行程序中，执行程序病毒即会被激活。另外，寄存在Microsoft Office文档或模板的宏中的病毒成为宏病毒，也是文件型病毒的一种。

（3）混合型病毒

兼有引导区型和文件型病毒的双重特点。

（4）蠕虫病毒（Worm）

是一种通过网络进行传播的恶性病毒。蠕虫病毒是一段独立的程序或代码，不需要附着在其他程序上即可进行自我复制，当形成规模且传播速度过快时会极大地消耗网络资源而导致大面积网络堵塞和瘫痪。

（5）木马（Trojan）

与一般病毒程序不同，"木马"不会进行自我复制和"刻意"传染，它通过自身伪装吸引用户下载执行，打开用户计算机的门户，远程操控用户计算机系统，来实现窃取或破坏用户文件、账号、密码等目的。

（6）脚本病毒（Script）

是一种使用脚本语言（如JavaScript和VBScript）编写，通过网页进行传播的病毒。这类病毒一般带有广告性质，会修改用户浏览器首页、修改注册表等信息，造成用户使用不便。

3. 计算机病毒的防治

计算机病毒在发展、演变过程中还会产生变种，病毒相对于杀毒软件永远是超前的。理论上讲，不存在能杀掉所有病毒的杀毒软件。因此，对计算机病毒防治的关键是做好预防工作，可以采取以下措施：

（1）安装专业有效的杀毒软件及防火墙软件并进行安全设置，定期进行升级。

（2）定期对操作系统进行更新升级，扫描系统漏洞，安装安全补丁。

（3）加强防病毒意识和法制观念。

（4）建立良好的安全使用习惯，如分类管理数据、定期备份重要文件和数据、使用复杂密码、浏览正规网站、不打开可疑电子邮件及附件等。

（九）新一代信息技术

新一代信息技术是以人工智能、量子信息、移动通信、物联网等为代表的新兴技术，它既是信息技术的纵向升级，也是信息技术及其相关产业的横向渗透融合。

1. 人工智能技术

人工智能（Artificial Intelligence，AI）。它是计算机科学的一个分支，是研究、开发用于模拟、延伸和扩展人的智能的理论、方法、技术及应用系统的一门新的技术科学。

　　计算机的发明促使了人工智能的出现,一个名为"逻辑专家"的程序被认为是第一个 AI 程序,它将每个问题都描述成一个树形模型,然后选择最可能得到正确结论的那一枝来求解问题。"人工智能"一词最初是 1956 年在 DARTMOUTH 学会上提出的。从此,以 LIST 语言、机器定理证明等为代表的技术标志着人工智能的形成,但发展速度相对缓慢;到 20 世纪 70 年代,专家系统模拟人类专家的知识和经验去解决特定领域的问题,实现了人工智能从理论到实际应用的重大突破,将人工智能技术推向了快速发展阶段;20 世纪 80 年代,神经网络技术的出现带动了人工智能发展的又一高潮;近年来,网络技术与人工智能的融合为人工智能的发展提供了新的方向,进入了爆发式发展的新高潮。

　　我国《新一代人工智能发展规划》中提出,新一代人工智能具有以下五个特点:一是从人工知识表达到大数据驱动的知识学习技术;二是从分类型处理的多媒体数据转向跨媒体的认知、学习、推理,这里的"媒体"不是新闻媒体,而是界面或环境;三是从追求智能机器到高水平的人机、脑机相互协同和融合;四是从聚焦个体智能到基于互联网和大数据的群体智能,它可以把很多人的智能聚集融合起来变成群体智能;五是从拟人化的机器人转向更加广阔的智能自助系统,如智能工厂、智能无人机系统等。

　　在人工智能飞速发展的今天,我们已经能够在生活当中随时感受到它的存在,例如:

　　(1)虚拟个人助理。苹果 Siri、微软 Cortana、小米小爱、百度小度等都是我们在相应设备上可以使用的个人助理,利用语音识别技术,当用户用声音提出要求时,它们可以做出相应反馈来帮助用户解决问题。

　　(2)在线客服。现在许多网站都提供用户与客服在线聊天的窗口。但大多数情况下,都是聊天机器人在进行初步沟通,将一些常见的重复性高的问题的解答交给聊天机器人来解决,可以极大地减少用户的等待时间。

　　(3)商品推荐。用户发生在电商平台搜索商品、音乐或视频平台搜索喜欢的内容等行为后,都会得到相似内容的推送,以提高搜索效率。

　　(4)智能导航。对用户所处地的交通状况进行实时监控,避免拥堵,从而规划更好、更方便快捷的出行路线。

　　在我国,目前人工智能发展的总体状况良好。人工智能领域的创新创业、教育科研活动非常活跃,具有市场规模、数据资源、人力资源、国家政策支持等多方面的优势,人工智能发展前景可期。

　　2. 量子信息技术

　　量子信息技术以微观粒子系统为操控对象,借助其中的量子叠加态和量子纠缠效应等独特物理现象进行信息获取、处理和传输,能够在提升运算处理速度、信息安全保障能力、测量精度和灵敏度等方面带来原理性优势,并能突破经典技术瓶颈。

　　20 世纪 80 年代,科学家将量子力学应用到信息领域,从而诞生了量子信息技术,诸如量子计算机、量子密码、量子传感等。这些技术的运行规律遵从量子力学,具有量子世界的叠加性、非局域性、不可克隆性等特点,因而其信息功能远远优于相应的经典技术。量子信息技术突破了经典技术的物理极限,开辟了信息技术发展的新方向。一旦量子技术获得广泛的实际应用,人类社会生产力将迈进到新阶段。因此,将量子信息的诞生称为第二次量子革命。

　　量子信息技术主要包括以下三大领域:

　　(1)量子计算

　　以量子比特为基本单元,利用量子叠加和干涉等原理进行量子并行计算,具有经典计算无法比拟的巨大信息携带和超强并行处理能力,能够在特定计算困难问题上提供指数级加速。未来可能在时间特定计算问题求解的专用量子计算处理器,用于分子结构和量子体系模拟的量子模拟机,以及用于机器学习和大数据集优化等应用的量子新算法等方面率先取得突破。

(2)量子通信

利用量子叠加态或量子纠缠效应等进行信息或密钥传输,基于量子力学原理保证传输安全性,主要分量子隐形传态和量子密钥分发两类。通过在经典通信中加入量子秘钥分发和信息加密传输,可以提升网络信息安全保障能力。量子隐形传态在经典通信辅助之下,可以实现任意未知量子态信息的传输。

(3)量子测量

基于微观粒子系统及其量子态的精密测量,完成被测系统物理量的执行变换和信息输出,在测量精度、灵敏度和稳定性等方面比传统测量技术有明显优势。广泛应用于基础科研、空间探测、生物医疗、惯性制导、地质勘测、灾害预防等领域。

量子信息技术的研究与应用,有望成为未来重大技术创新的"动力源"和"助推器",已成为全球人类科技的共同探索与关注焦点之一。在各国发展规划和项目布局中,量子计算、量子通信和量子测量等重点技术方向已形成普遍共识。我国对量子信息技术的基础研究、科学实验、示范应用、网络建设和产业培育一直高度重视。中华人民共和国科技部和中国科学院通过自然科学基金、"863"计划、"973"计划、国家重点研发计划和战略先导专项等多项科技项目,对量子信息技术科研应用探索进行支持。中华人民共和国国家发展和改革委员会牵头组织实施量子保密通信"京沪干线",国家广域量子保密通信骨干网等试点项目和网络建设。中华人民共和国工业和信息化部组织开展量子保密通信应用于产业研究,支持和引导量子信息技术的标准化研究和产学研协同创新。总体而言,我国量子通信领域科研与国际水平基本保持同步,是推动全球量子信息技术发展的重要力量之一。

3. 移动通信技术

移动通信(Mobile Communication)是沟通移动用户之间或移动用户与固定用户之间的通信方式。

移动通信的发展历史最早起源于 19 世纪马可尼等人利用电磁波进行的远距离无线电通信实验的成功,开启了无线通信时代。其后随着电子技术,特别是半导体、集成电路及计算机技术的发展和应用,移动通信技术也一直在前进,现代移动通信技术大致经历了以下几个发展阶段:

(1)第一代——模拟移动通信(1G)

1978 年美国贝尔实验室开发了先进移动电话业务(AMPS)系统,这是第一个真正意义上具有随时随地通信能力的大容量的蜂窝移动通信系统。20 世纪 80 年代,世界各国纷纷建立了自己的蜂窝移动通信网络,如英国的 ETACS 系统、北欧的 NMT-450 系统、日本的 NTT\NTACS 等系统。这些系统都采用频分复用技术,模拟调制语音信号,但这种模拟系统容量小、安全性差、设备价格高("大哥大"),主要以语音业务为主,很难开展数据业务。

(2)第二代——数字移动通信(2G)

第二代移动通信技术开始于 20 世纪 80 年代末,主要采用数字的时多分址(TDMA)技术和码多分址(CDMA)技术,与之对应的是欧洲的 GSM 和美国的 CDMA 两种制式。2G 的特性是提供数字化的语音服务及低速数据业务,通话质量和保密性得到提高,并可进行区域间自动漫游,实现了模拟技术向数字技术的转变。

(3)第三代——数字网络通信(3G)

由于计算机网络技术的发展,引发了多媒体通信的需求,成为第三代移动通信技术发展的主要动力。3G 的理论研究、技术开发和标准的制定开始于 20 世纪 90 年代中期,国际电信联盟(ITU)将其正式命名为国际移动通信 2000(IMT-2000)。3G 最基本的特征是智能信号处理技术,支持语音和多媒体数据通信,它可以提供各种高速数据、慢速图像和电视图像等各种宽带信息业务。

(4)第四代——数字网络通信(4G)

4G 通信技术在 3G 技术基础上优化升级、创新发展而来,以 WLAN 技术为发展重点,既融合了 3G 通信技术的优势,又具有图像和视频传输质量高、下载速度快等特点。

(5)第五代——数字网络通信(5G)

随着 4G 技术的全面商用,移动数据的需求爆炸式增长,现有移动通信系统难以满足日益增长的移动流量的需求,驱动了 5G 技术的产生和发展。5G 也已经开始进入初步商用阶段,未来 5G 技术将被广泛应用于无人银行、自动驾驶、医疗、环保等方方面面,会给我们的生活带来翻天覆地的变化。

移动通信技术的发展对人们的生产、生活、工作乃至政治、经济和文化都产生了深刻的影响,是目前改变世界的几种主要技术之一。

4. 物联网技术

物联网(Internet Of Things,IOT),到目前为止并没有一个明确的定义,但可以理解为是"万物相连的网",是指在互联网基础上,构造一个覆盖世界万物的网,实现物品的自动识别和信息的互联与共享。

物联网的概念首次出现在 20 世纪 90 年代。早在 1995 年比尔·盖茨的《未来之路》一书中就提出了类似物联网的概念,即物物互联。此后物联网概念主要存在于实验室中,直到 2005 年在突尼斯举行的信息社会世界峰会(WSIS)上,国际电信联盟(ITU)发布《ITU 互联网报告 2005:物联网》中,正式提出了物联网的概念。2008 年后,为促进科技发展,寻找经济增长点,各国政府开始将目光放在物联网上。我国也同样大力支持和发展物联网行业,并推行了相应的利好政策,特别是在物流、智能制造、智慧城市、医疗等领域,进而来推动物联网的发展。

物联网的基本特征从通信对象和过程来看,可概括为以下 3 点:

(1)感知物体。利用无线射频识别(RFID)、传感器、定位器和二维码等感知设备随时对物体进行信息采集和获取。

(2)信息传输。通过通信网络、因特网等网络的融合,传递物体信息以实现互联和共享。

(3)智能处理。利用各种智能计算技术,对物体信息进行分析处理,实现智能化的决策和控制。

物联网的应用涉及方方面面,可以体现在以下几个方面:

(1)智慧物流。物联网在物流业中的应用可以体现在仓储管理、运输监测、快递终端等方面。仓库存储可以采用基于 LORA、NB-IOT 等传输网络的物联网仓库管理信息系统,完成收货入库、盘点调拨、拣货出库及整个系统的数据查询、备份、统计、报表生产和管理等任务;在运输监测中实时监控货物运输的车辆行驶情况及货物运输情况,包括货物位置、车辆油耗、油量、车速等驾驶行为;在快递终端采用如智能快递柜,将云计算和物联网等技术相结合,实现快件存取和后台中心数据处理,通过 RFID 或摄像头实时采集、监测货物收发等数据。

(2)智能交通。智能交通被认为是物联网所有应用场景中最有前景的应用之一,目前涉及的有智能公交车、共享单车、汽车联网、智慧停车及智能红绿灯等。

(3)智能安防:智能安防系统可以对监控拍摄的图像进行传输存储,并且进行分析预处理;以感应式、指纹及面部识别等方式为主的门禁功能,可以实现联动视频抓拍、远程开门、轨迹分析等操作。

(4)智慧能源。物联网在能源领域的应用,可以体现在智能水表、智能电表、智能燃气表的使用上。通过网络实现各种数据的远程监测、费用收取、反馈提醒等功能,能够节省大量的人力物力,方便快捷。

(5)智慧医疗。可穿戴设备通过传感器可以监测人的心跳频率、体力消耗、血压高低等数据并形成电子文件,方便查询;利用 RFID 技术可以监控医疗设备和用品,实现医院的可视化、数字化。

(6)智能制造。物联网在制造业中的应用主要体现在数字化及智能化的工厂改造上。如通过在设备上加装物联网装备,可以对设备进行监控、升级和维护等操作;更好地了解产品的使用状况,完成产品周期信息收集,指导产品设计和售后服务;对厂房进行控制温湿度、烟感等情况的环境监控等。

(7)智能零售。依托于物联网技术的智能零售目前主要有两大应用场景:自动售货机和无人便利店。自动售货机通过物联网平台进行数据传输、客户验证、购物车提交和扣款回执。无人便利店采用 RFID 技术,用户扫码开门,进行商品选购,关门后系统会自动识别所选商品并进行扣款结算。

(8)智慧农业。是指利用物联网、人工智能、大数据等现代信息技术与农业进行深度融合,实现农业生产全过程的信息感知、精准管理和智能控制的一种全新的农业生产方式,可实现农业可视化诊断、远程控制及灾害预警等功能。

5. 区块链技术

区块链是分布式数据存储、点对点传输、共识机制、加密算法等计算机技术的新型应用模式。

区块链思想最早出现在比特币项目中,它本质上是一个去中心化的数据库(数字账本)。现今社会的货币体制,纸币是最常见的方式,不易仿制,容易分辨真伪。但信用卡等电子方式在某些场景下使用更为方便,却需要额外的支持机构(如银行)来完成生产、分发、管理等操作,这种中心化结构具有管理和监管上的便利,但也有伪造、信用卡诈骗、盗刷、转账骗局等安全漏洞。因此,人们期望能实现一种新型数字货币,既有货币方便易用的特性,又能消除使用上的缺陷。中心化控制下,数字货币实现相对容易,但大多时候很难找到一个安全可靠的第三方机构来充当中心管控的角色,例如网络上的匿名双方不通过电子商务平台而直接进行交易;使用第三方平台,但有时可能无法连接;第三方平台可能会出现故障或受到攻击等。区块链技术是实现去中心化的核心组成部分,通过区块链结构设计提供了一个分布式数字账本,可以被所有用户自由访问,但任何个体都无法对所记录的数据进行恶意篡改和控制。2014 年开始,"区块链 2.0"成为一个关于去中心化区块链数据库的术语,引发了"分布式记账"技术的革新浪潮。

从科技层面看,区块链涉及数学、密码学、互联网和计算机编程等很多科学技术问题。从应用视角看,区块链是一个分布式的共享账本和数据库,具有以下特点:

（1）去中心化。区块链技术不依赖额外的第三方管理机构或硬件设施，没有中心管制，除了自成一体的区块链本身，通过分布式核算和存储，各个节点实现了信息自我验证、传递和管理。去中心化是区块链最突出最本质的特征。

（2）开放性。区块链技术是开源的，除了交易各方的私有信息被加密外，区块链的数据对所有人开放，任何人都可以通过公开的接口查询区块链数据和开发相关应用，因此整个系统信息高度透明。

（3）独立性。基于协商一致的规范和协议，整个区块链系统不依赖其他第三方，所有节点能够在系统内自动安全地验证、交换数据，不需要任何人为的干预。

（4）安全性。只要不能掌控全部节点的 51％，就无法肆意操控修改网络数据，这使区块链本身变得相对安全，避免了主观人为的数据变更。

（5）匿名性。除非有法律规范要求，但从技术上讲，各区块节点的身份信息不需要公开或验证，信息传递可以匿名进行。

区块链在不引入第三方中介机构的前提下，可以提供去中心化、不可篡改、安全可靠等特性保证。因此，所有直接或间接依赖于第三方担保机构的活动，都可能从区块链技术中获益。区块链技术可以应用在以下场景中：

（1）金融领域。将区块链技术应用在金融行业中，能够省去第三方中介环节，实现点对点的直接对接，从而在大大降低成本的同时快速完成交易支付。

2016 年 1 月 20 日，中国人民银行数字货币研讨会发布对我国银行业数字货币的战略性发展思路，探索发行数字货币，并利用相关技术打击金融犯罪活动。2016 年 10 月，中国邮储银行宣布携手 IBM 推出基于区块链技术的资产托管系统，是中国银行业首次将区块链技术成功应用于核心业务系统。

（2）物联网和物流领域。通过区块链可以降低物流成本，追溯物品的生产和运送过程，并能提高供应链管理的效率。

（3）公共服务领域。区块链提供的去中心化的分布式 DNS 服务通过网络中各个节点的点对点数据传输服务就能实现域名的查询和解析，将减少错误的记录和查询，提供更加稳定可靠的服务。

（4）数字政务领域。区块链的分布式技术可以让政府部门集中到一个链上，所有版式流程交付智能合约，办事人只要在一个部门通过身份认证及电子签章，智能合约就可以自动处理并流转，顺序完成后续所有审批和签章。

（5）数字版权领域。通过区块链技术，可以对作品进行鉴权，证明文字、视频、音频等作品的存在，保证权属的真实性、唯一性。作品在区块链上被确权后，后续交易都会进行实时记录，实现数字版权全生命周期管理，也可作为司法取证中的技术性保证。

（6）公益领域。区块链上存储的数据，高可靠且不易篡改。公益流程中的相关信息，如捐赠项目、募集明细、资金流向、受助人反馈等，都可以存放在区块链上，并且有条件的进行公开公示，方便社会监督。

未来区块链技术还将在更多领域发挥更重要的作用。

项目二　使用 Windows10 操作系统

项目描述

操作系统是管理和控制计算机硬件和软件资源的计算机程序,是直接运行在"裸机"上最基本的系统软件,用户通过使用操作系统提供的命令实现对计算机的操作,操作系统是用户和计算机的接口。使用计算机首先需要熟练使用操作系统。Windows 操作系统是全球应用较广泛的一款操作系统,目前的主流使用版本是 Windows 10。

学习目标:

1. 了解 Windows 10 桌面基本元素。
2. 掌握鼠标、键盘以及窗口的基本操作。
3. 掌握文件与文件夹的管理与操作。
4. 了解 Windows 10 系统的个性化设置。
5. 了解 Windows 10 附件的使用。

能力目标:

1. 能够自主了解操作系统的发展变化趋势。
2. 能够熟练使用 Windows 10 操作系统。
3. 能够进行简单文本编辑。

素质目标:

1. 多角度思考问题。
2. 培养学生团结协作、严谨认真的态度。

知识储备

(一)认识 Windows 10 桌面

2015 年发布的 Windows10 是目前世界上主流使用的 Windows 操作系统。开机启动系统以后,出现在屏幕上的整个区域称为"桌面",主要由以下几部分构成:

1. 桌面图标:

由小图形和文字组成的图标。用户可自行添加或删除图标,双击桌面图标可快速打开计算机中存储的文件或应用程序。桌面图标可分为以下四种类型:

①Windows 默认的系统图标;

②快捷方式;

③某种类型的文件；

④文件夹。

2. 桌面背景：

显示在计算机屏幕上的背景图案。它没有实际功能，只起到美化的作用，用户可根据需要选择其他图片作为桌面背景。Windows10 还支持类似幻灯片方式的动态更换背景图片的功能。

3. 任务栏

默认状态下任务栏是位于桌面最下方的一个水平矩形长条，如图 2-1 所示，包括：

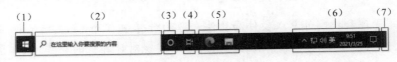

图 2-1　任务栏的组成

(1)"开始"按钮：位于任务栏最左侧，单击该按钮弹出"开始"菜单。

①菜单左侧部分可以进行账户管理、打开"文档"和"图片"文件夹、设置及电源管理。

②菜单中间部分显示系统安装的程序列表。在 Windows 10 中，所有程序都是按英文字母或拼音首字母来分类列出的。如果安装了大量的应用程序，用户可以使用首字母定位功能来快速找到需要的程序。

③菜单右侧排列了很多磁贴，用户可以将常用的应用程序以磁贴的形式加入这里，方便使用。开始菜单的尺寸也是可以进行调整的，具体操作是：将鼠标移动到开始菜单的边缘，当鼠标指针变为双箭头时，按住鼠标左键并进行拖动即可进行调整。

(2)搜索栏：可以快速搜索文件和网络内容。

(3)微软小娜(Cortana)：微软小娜是微软发布的全球第一款个人智能私人语音助理，她能够"了解"用户的喜好和习惯，用户可以对她说话或让她做一些事情。

(4)任务视图：利用此功能可以预览当前计算机所有正在运行的任务程序，同时还可以将不同的任务程序"分配"到不同的"虚拟"桌面中，从而实现多个桌面下的多任务并行处理操作。进入任务视图的快捷方式是【Windows＋Tab】组合键。

(5)任务栏按钮：对于使用频率很高的程序或文件夹，可以添加到任务栏按钮来实现快速启动。正在运行的程序也会以任务栏按钮的形式出现在该区域。默认情况下，打开的多个文件夹窗口或多个同类型文件，在任务栏中会合并在同一个任务栏按钮上。

(6)通知区域：用于显示"网络"、"系统音量"、"输入法"、"日期时间"和"操作中心"等一些正在运行的应用程序图标和信息，便于用户接收系统和应用的消息。

(7)"显示桌面"按钮：单击该按钮可以将当前打开的所有窗口最小化，显示桌面。其他"显示桌面"的方法：

①在任务栏空白处右击选择"显示桌面"命令。

②按下【Windows＋D】快捷组合键。

(二)鼠标与键盘的基本操作

1. 鼠标

鼠标的操作方式主要包括以下几种：

(1)指向：将鼠标指针移动到某一对象上。在 Windows 操作系统中使用鼠标进行大多数操作前,都需要先将鼠标指针指向要操作的对象,然后再进行下一步操作。此外,指向操作还经常用于显示界面命令的功能说明。当鼠标的指针位于不同位置时,指针的形状可能有所不同,也具有不同的含义,见表 2-1。

表 2-1 鼠标指针的几种形状及含义

鼠标形状	含义	鼠标形状	含义
I	文本选择	↕	垂直调整大小
↖	正常选择	↔	调整水平大小
↖?	帮助选择	↘	沿对角线调整大小 1
↖?	后台运行	↗	沿对角线调整大小 2
O	忙(等待)	✥	移动

(2)单击:按下随即松开鼠标左键,一般用于某个对象或按钮的选择。通常所说的单击都是指鼠标左键。

(3)右击:按下随即松开鼠标右键,往往会弹出对象的快捷菜单或帮助提示。

(4)双击:迅速两次单击鼠标左键,用于启动应用程序或打开窗口。

(5)拖动:按下鼠标左键不放,移动到另一位置后释放,经常用于滚动条操作、标尺滑块操作或复制、移动对象的操作。

(6)滚动滚轮:如果鼠标带有滚轮,用户可以在浏览文档或网页时使用滚轮在垂直或水平方向上移动页面中的显示区域。

2. 键盘

(1)认识键盘

整个键盘分五个小区:功能键区、状态指示区、主键盘区、编辑键区和辅助键区(数字键区)。主键盘区包括英文字母键(A～Z)、数字键(0～9)、符号键(! @ # 等)、控制键(换档键【Shift】;大/小写英文字母转换键【CapsLock】;制表定位键【Tab】;退出键【Esc】;回车键【Enter】;退格键【Backspace】;控制键【Ctrl】等。

(2)文字录入

在输入状态下使用键盘可直接进行英文的录入,要进行中文输入时首先需要先将系统默认的英文输入法切换为一种中文输入法。Windows10 操作系统自带了常用的微软拼音输入法和五笔输入法,默认的按顺序切换输入法的快捷键是左【Alt+Shift】,用户也可以按个人习惯设置切换快捷键。

(3)单独或与鼠标组合进行计算机系统的基本操作

常用进行系统基本操作的快捷键及功能:

【Tab】(制表键):用于切换不同的功能区域。

【Enter】(回车键):确认执行命令。

【Esc】(退出键):结束当前操作。该键通常可以关闭在应用程序中打开的对话框,相当于"取消"按钮。

【Delete】(删除键):删除选定的对象。

【Windows+E】:打开"此电脑"窗口。

（三）窗口的认识与基本操作

1. 认识窗口

窗口是 Windows 最为显著的外观特征，每次启动程序或打开文件夹时，屏幕中呈现出的框架结构界面就是窗口。大部分窗口都由一些相同的元素构成，主要包括以下几个部分，如图 2-2 所示。

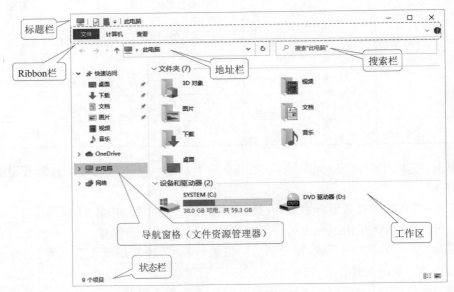

图 2-2　窗口的组成

（1）标题栏：位于窗口最上端，显示当前打开窗口的标题。标题栏还包括：

①快速访问工具栏：可以固定最常用的按钮于此以便使用，可自定义该栏功能。

②最小化按钮：将窗口缩小至任务栏上。

③最大化/还原按钮：将窗口扩大至整个桌面大小/撤销窗口的最大化状态。

④关闭按钮：关闭当前窗口。

（2）Ribbon 栏：是一个收藏了命令菜单和功能按钮的面板。它把功能按钮组织成一组"选项卡"，每个选项卡里各种相关的功能被组在一起。一般情况下 Ribbon 栏是收起的，只在需要时展开，可以单击 ❓ "帮助"按钮前方的 ❤ "箭头"按钮来展开或收起。

（3）地址栏：显示当前文件或文件夹在计算机中的位置。单击下拉按钮 ❤，可快速选择路径查找文件。

（4）搜索栏：在窗口范围中搜索相应内容，而不是针对整个计算机中的资源进行搜索。

（5）导航窗格（文件资源管理器）：在窗格中提供了整个计算机资源的文件和文件夹列表，以树状结构显示，可以帮助用户快速定位到目标文件。

①"快速访问"节点：该节点下包含的项目是用户经常访问的文件夹。用户可以对其中的项目进行添加或删除等操作。

②"OneDrive"节点：该节点下包含的是用户在微软云存储中包含的文件夹，便于用户在本地计算机中完成文件上传和下载等管理任务。

（6）工作区：用于显示操作对象或执行某项操作后的内容，如果工作区内容过多，则会在窗口右侧或下方出现滚动条，拖动滚动条可用来显示其他不能显示出的内容。

(7)状态栏:位于窗口底部,选择文件或文件夹后,状态栏中会显示所选对象的数量等信息;如果不选择任何对象,则只显示当前文件夹中包含的对象总数。

2. 窗口的操作

(1)移动窗口:光标移动到标题栏空白处,按住鼠标左键拖动即可实现窗口位置的移动。

(2)最大化窗口:

①单击标题栏"最大化"按钮;

②双击标题栏;

③鼠标左键按住标题栏向屏幕顶端拖动;

④单击标题栏左侧图标按钮或在标题栏上右击选择"最大化"命令;

⑤使用快捷组合键【Windows ＋↑(方向键)】。

(3)最小化窗口:

①单击标题栏"最小化"按钮;

②单击标题栏左侧图标按钮或在标题栏上右击选择"最小化"命令;

③使用快捷组合键【Windows ＋↓(方向键)】。如窗口当前处于最大化状态,则需要按两次组合键;

④左击当前窗口标题栏摇晃几次,除了当前窗口之外的窗口都可最小化;

⑤最小化所有窗口【Windows＋M】。

(4)还原窗口:

①单击标题栏"还原"按钮;

②双击标题栏;

③单击标题栏左侧图标按钮或在标题栏上右击选择"还原"命令;

④使用快捷键【Windows ＋↓(方向键)】。

(5)调整窗口大小:

①当窗口未处于最大化状态时,可通过鼠标调整窗口大小。方法是将光标移动到窗口的外边框上,待光标变为↕、↔、↖或↗形状时,按住鼠标左键进行拖动,窗口的大小就会随着拖动发生变化。

②按快捷键【Windows＋←】,窗口靠左,并且变为屏幕50％的大小。按快捷键【Windows＋→】,窗口还原,再按快捷键【Windows＋ →】,窗口靠右,变为屏幕50％大小。

③四分之一屏幕窗口:单击窗口的标题栏向屏幕的4个角中任一角拖动,显示透明窗口轮廓时松开鼠标,该窗口会自动占满屏幕四分之一区域。

④垂直展开窗口:将鼠标指针指向窗口上边框或下边框,当鼠标变为↕时,拖动到屏幕顶部或底部,出现透明轮廓时松开鼠标,窗口的高度会扩展至桌面高度,而保持宽度不变。

(6)切换窗口:桌面上有多个打开的窗口时,只能将一个窗口作为活动窗口进行操作,这就需要进行窗口的切换。

①通过窗口可见区域单击切换;

②单击任务栏上的标题按钮或缩略图;

③利用任务视图【Windows＋Tab】,单击需要的窗口;

④通过【Alt＋Tab】组合键进行切换;

⑤通过【Alt＋Esc】组合键进行切换。

（7）关闭窗口：

①单击标题栏"关闭"按钮；

②双击标题栏左侧图标按钮；

③右击任务栏上标题按钮，选择"关闭窗口"命令；

④使用快捷组合键【Alt＋F4】或【Ctrl＋W】。

（8）排列窗口：在打开多个窗口且在非最小化的情况下，有时需要将它们全部处于显示状态，Windows 10 中有多种不同的排列方式，方便用户进行操作和查看，排列方法是在任务栏空白处右击，在弹出的快捷菜单中选择：

①层叠窗口：把窗口按打开的顺序依次排列在桌面上。

②堆叠显示窗口：在保证每个窗口大小相等的前提下，将所有窗口沿横向平铺。

③并排显示窗口：在保证每个窗口大小相等的前提下，将所有窗口沿纵向平铺。

在选择了某项排列方式后，在任务栏空白处右击，选择"撤销层叠"命令，即可恢复为原来状态。

（四）文件和文件夹的操作

1. 文件

保存在计算机中的各种数据和信息通常以文件为单位进行存储。文件有很多种，运行的方式也各不相同，但主要由以下信息构成，如图 2-3 所示。双击某一文件图标可启动相应程序查看其内容。

图 2-3　文件的构成

（1）文件图标：表示当前文件的类别，它是应用程序自动建立的，不同的应用程序所建立的图标是不一样的。

（2）主文件名：用于标识当前文件的名称，用户可自定义该名称以便于进行识别和管理。

为文件命名时需注意以下原则和规范：

①文件名不区分英文大小写。

②文件名中不能包含以下字符：\　/　：　?　*　|　"　<　>

③不能使用以下名称作为文件名：aux、com1、com2、com3、com4、con、lpt1、lpt2、lpt3、prn、nul。

（3）文件扩展名：是操作系统用来标识格式的一种机制。通过扩展名计算机才能更加有效地把各类文件分类，然后通过相应的程序打开。默认情况下扩展名是隐藏的，不可随意更改。如果没有扩展名，就需要用户手动选择用什么程序打开该文件。常见文件类型图标及扩展名见表 2-2。

表 2-2　常见文件类型图标及扩展名

图标	扩展名	类型	图标	扩展名	类型
W	doc、docx	Word 文件		exe	可执行程序
X	xls、xlsx	Excel 文件		avi、mpg、wmv	视频文件
P	ppt、pptx	PowerPoint 文件		jpg、gif、png	图形文件
e	htm、html	网页文件		mp3、wav、wma	音频文件
	rar	压缩文件	PDF	pdf	便携式文档

注:部分格式的图标由于安装程序的不同会有所变化。

(4)分隔符:用于区分主文件名和扩展名。

(5)文件描述信息:显示当前文件的类型和大小等信息。

2. 文件夹

文件夹是指专门用于盛装文件的夹子,是装整页文件和资料用的,主要目的是更好的保存文件,使它整齐规范,通常是指传统使用的有形的实物。而在计算机当中也有很多的文件夹,它们也是用来盛装各类文件、协助用户管理计算机文件,每一个文件夹对应一块磁盘空间,它提供了指向对应空间的地址,没有扩展名。

3. 文件和文件夹的管理

Windows 10 操作系统具有强大的文件管理功能,可以对文件或文件夹进行各种操作,包括更改属性、添加或删除、查找等。文件的管理功能主要是在"文件资源管理器(导航窗格)"中完成的,它以层次化的结构显示计算机系统中所有文件夹的资源,并以树形结构方式体现整个系统的文件结构,图 2-4 即为文件资源管理器树状目录。

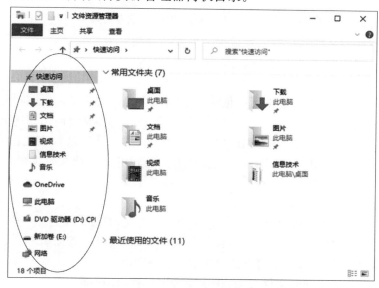

图 2-4　文件资源管理器

（1）文件资源管理器的打开

①单击任务栏"文件资源管理器"按钮；

②右击"开始"按钮，选择"文件资源管理器"命令。

（2）文件及文件夹的显示与查看

文件和文件夹在工作区内可以选择不同的显示方式，便于查看和管理。单击窗口"查看"选项卡，在"布局"组中即可选择显示方式，如图 2-5 所示。

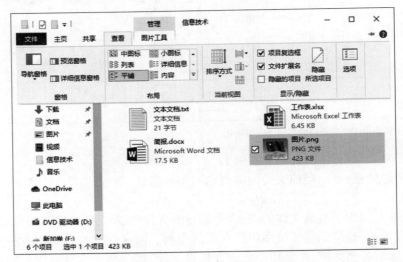

图 2-5　文件和文件夹的显示方式

显示方式主要有以下几种：

①图标：将文件夹所包含的图像显示在文件夹图标上，可以快速识别该文件夹的内容，常用于查看存放图片的文件夹，包括超大图标、大图标、中等图标和小图标 4 种显示方式。

②列表：通过列表的方式显示文件和文件夹，当文件数量很多时可选用此方式，并且可对文件进行排列。

③详细信息：显示文件和文件夹的名称、大小和更改日期等，并可按不同类型排序。

④平铺：以图标加文件信息的方式显示文件和文件夹。

⑤内容：将文件的创建日期、类型和大小等信息显示出来。

4. 文件和文件夹的创建

在任何一个普通的文件夹中都可以创建新的空白文件或文件夹，但是在"此电脑""快速访问""网络"等特定位置不能创建，只能向这些位置添加现有文件夹以便用户访问。在要创建文件或文件夹的窗口空白处右击，在弹出的快捷菜单中选择"新建"，选择需要的文件类型，即可新建相应文件；选择"文件夹"命令即可新建文件夹。新建的文件或文件夹的名称框处于可编辑状态，直接输入即可命名。

5. 文件和文件夹的重命名

有时为了避免文件重复或标注文件（或文件夹）的含义，需要对文件或文件夹重新命名。

①右击要重命名的文件或文件夹，在弹出的快捷菜单中选择"重命名"命令，名称框变为可编辑状态，输入新的名称，按【Enter】键或单击其他区域即可；

②单击要重命名的文件或文件夹后，再次单击名称框，操作同上；

③单击要重命名的文件或文件夹，按【F2】键，操作同上。

6. 选择文件或文件夹

对文件或文件夹进行复制、移动、删除等操作前，需要对其进行选择，并且可以选择不同数量和不同位置的文件和文件夹。

(1)选择单个文件或文件夹

单击文件或文件夹图标即可将其选中，被选中的图标周围成半透明矩形区域状态。

(2)选择多个文件或文件夹

①复选框选择多个文件或文件夹

单击窗口"查看"选项卡，在"显示/隐藏"组中勾选"项目"复选框，将鼠标指向文件或文件夹时，其左上角或左侧会显示一个复选框，勾选即可选择对应的文件或文件夹，如图 2-5 所示。

②选择多个相邻文件或文件夹：在需要选择的文件或文件夹起始位置按住鼠标左键拖动出矩形区域，将需要选择的图标都包括进去，松开鼠标即可完成选择，如图 2-6 所示。

图 2-6　选择多个相邻文件或文件夹

③选择多个连续的文件或文件夹：单击选中第一个文件，按住【Shift】键不放再单击最后一个待选文件或文件夹，松开鼠标和键盘后即可选中，如图 2-7 所示。

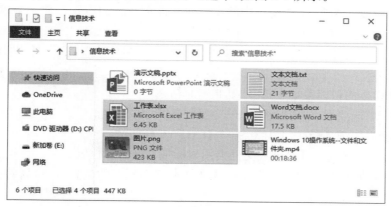

图 2-7　选择多个连续文件或文件夹

④选择多个不连续的文件或文件夹：单击第一个文件或文件夹，按住【Ctrl】键不放，同时单击其他需要选择的对象，如图 2-8 所示。

⑤选择所有文件和文件夹：按【Ctrl＋A】组合键，即可选择所有文件和文件夹，如图 2-9 所示。

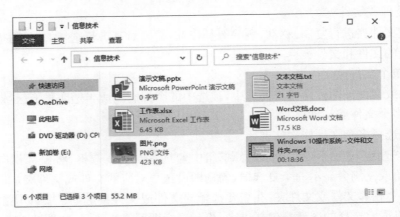

图 2-8 选择多个不连续文件或文件夹

图 2-9 全选文件和文件夹

7. 复制、移动文件或文件夹

（1）复制文件或文件夹：是指将选中的文件或文件夹在新的位置创建一个副本，复制完成后原位置和目标位置各有一份完全相同的内容。

操作过程：选中文件或文件夹，执行"复制"命令，定位目标位置，执行"粘贴"命令。

操作方法：

①右击，在弹出的快捷菜单中选择"复制"和"粘贴"命令。

②单击"主页"选项卡→"剪贴板"组的"复制"和"粘贴"按钮。

③使用快捷组合键：【Ctrl+C】（复制）与【Ctrl+V】（粘贴）。

④按住【Ctrl】键将选中的文件或文件夹用鼠标拖动至目标位置。

（2）移动文件或文件夹：将选中的文件或文件夹移动到新的位置，原位置将不再存在该文件或文件夹。

操作过程：选中文件或文件夹，执行"剪切"命令，定位目标位置，执行"粘贴"命令。

操作方法：

①右击，在弹出的快捷菜单中选择"剪切"和"粘贴"命令。

②单击"主页"选项卡→"剪贴板"组的"剪切"和"粘贴"按钮。

③使用快捷组合键：【Ctrl+X】（剪切）与【Ctrl+V】（粘贴）。

④按住【Shift】键将选中的文件或文件夹用鼠标拖动至目标文件夹。

8. 删除文件或文件夹

在管理文件时,对于一些不再需要的文件或文件夹应及时删除,以便管理并释放磁盘空间。要执行删除操作,首先要选中需要删除的文件或文件夹,然后:

①右击,在弹出的快捷菜单中选择"删除"命令。

②单击窗口"主页"选项卡→"组织"组的"删除"按钮→"回收"命令。

③按【Delete】键。

这种方法并没有真正从磁盘上删除文件或文件夹,只是将其移动到了"回收站"中,仍然占用磁盘空间。若想真正从磁盘清除,可按以下操作方式进行:

①打开"回收站"窗口,单击"回收站工具"选项卡下的"清空回收站"按钮。

②选中文件或文件夹,单击窗口"主页"选项卡→"组织"组的"删除"按钮→"永久删除"命令。

③选中文件或文件夹,按【Shift+Delete】组合键。

9. 压缩和解压缩文件或文件夹

从网上下载的很多文件和程序都是以压缩包的形式呈现,为了能正常使用这些文件和程序,用户需要进行解压缩。另外,将文件通过网络发送给他人时,通常也需要进行压缩操作,不仅可以让文件变得更小从而缩短发送时间,还可以将多个文件整合为一个整体来简化发送过程。Windows 10 操作系统内置了压缩和解压缩程序,无须额外安装第三方压缩程序,但该程序只针对 zip 格式的文件有效。

①压缩文件或文件夹:选择要压缩的文件或文件夹→右击,选择"发送到"命令→在弹出的子菜单中选择"压缩(zipped)文件夹"命令单击,即可完成文件的压缩。用户可以重命名压缩文件以便于识别。

②解压缩文件:右击压缩包,单击"全部解压缩"命令,设置解压缩后文件的保存位置,单击"提取"按钮,即可完成解压缩操作。

10. 搜索文件或文件夹

计算机使用时间长了,所存储的文件自然会越来越多,用户就会忘记某些文件或文件夹的保存位置,这时可以使用"搜索"功能,方法如下:

(1)使用任务栏的搜索框进行搜索

任务栏中的搜索框有着非常强大的搜索功能,它不仅可以搜索计算机中的文件和文件夹,还可以搜索系统中的设置和应用以及浏览器的历史记录。在任务栏的搜索框搜索时,系统会自动进行动态匹配,并且对所有匹配项目进行分类,用户可以按类别显示搜索结果。

(2)使用窗口的搜索栏进行搜索

打开一个窗口,如"此电脑",在地址栏确定要搜索的位置,在搜索栏中输入要搜索的文件的名称或名称的部分内容后,系统即会自动开始搜索,并将搜索结果显示在窗口中。和任务栏的搜索框不同,此种方法搜索的范围仅限于当前打开的文件夹,如图 2-10 所示。

开始搜索后,会激活"搜索"选项卡,可以进行搜索条件的设置,以便于进行更精确的搜索,如图 2-11 所示。

搜索文件时,当不知道完整文件名时,可以使用通配符来代替一个或多个字符。通配符主要包括星号(＊)和问号(?):

①星号(＊):可以代替零个、单个或多个字符。

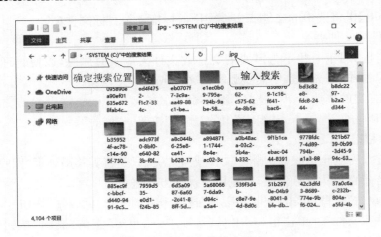

图 2-10　搜索文件或文件夹

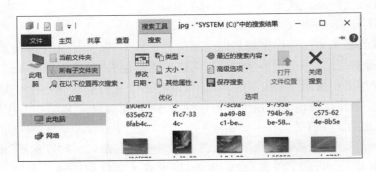

图 2-11　"搜索"选项卡

②问号(?):可以代替一个字符。

11. 文件和文件夹的属性

右击某文件或文件夹图标,选择"属性"命令,会弹出"属性"对话框,可以分别设置"常规"、"共享"、"安全"和"自定义"等几个方面的内容,下面仅就"常规"对话框进行介绍:"常规"对话框除了显示文件名、位置、大小、创建时间等基础信息外,还可以进行"只读"或"隐藏"等属性设置。文件的属性有以下几种:

①只读:设置后该文件夹只能读取而无法进行编辑修改。

②隐藏:将该文件或文件夹图标隐藏,默认情况下用户看不到该图标。

单击"高级"按钮可设置:

①存档:有些程序用此选项来确定哪些文件需做备份,在一般文件管理中意义不大。

②索引:相当于文件的目录,可以加快搜索速度。

③压缩:用以节省磁盘空间。

④加密:防止其他用户账号对该文件或文件夹进行查看或修改。

(五)Windows 10 的个性化设置

在 Windows 10 操作系统的使用上,不同用户的使用习惯因人而异,为了满足用户的这一需求,Windows 10 系统提供了一些个性化的设置。

1. 屏幕保护程序的设置

屏幕保护程序是指在一定时间内键盘或鼠标没有任何操作时在屏幕上显示的画面,这样做可以保护显示器屏幕,降低损耗。

在桌面空白处右击→"个性化"命令,在打开的窗口中单击"锁屏界面",在右侧主工作区单击"屏幕保护程序设置"即可启动设置对话框,用户可根据个人喜好设置屏幕保护的类型、等待时间等相关属性,单击"确定"按钮后即可启动屏幕保护,当达到启动条件后该程序会自动启动来保护屏幕,移动鼠标或按下键盘任意键即可退出屏保。

"个性化"窗口还可以设置更改主题、背景、颜色以及字体等内容,此处不再详细介绍。

2. 更改屏幕分辨率

分辨率是屏幕图像的精密度,是指显示器单位长度内所能显示的像素量。分辨率越高,屏幕可显示的像素也就越多,画面也就越精细,因此分辨率是显示器的重要性能指标之一。

在桌面空白处右击,在弹出的菜单中选择"显示设置"命令打开窗口,默认显示的内容即为"显示"设置。单击"显示分辨率"右侧的下拉按钮即可选择需要的分辨率大小。

(六)Windows 附件

Windows 10 提供了一些实用的小程序,如画图、计算器、写字板等,这些程序统称为 Windows 附件,单击"开始"按钮即可找到。

1. 记事本

"记事本"是一个纯文本编辑器,比较适合编辑没有格式的文字或程序文件,其格式扩展名为 .txt。因只存储文本信息,所以文件占用空间小,网络上供下载的小说大多用此格式存储。"记事本"窗口中没有工具栏、格式栏和标尺,可以通过"格式"菜单中的"字体"命令对文字进行简单的字体、字形、字号的设置;通过"自动换行"命令设置是否根据窗口大小自动换行,通过"编辑"菜单下的各项命令对文本进行复制、剪切和粘贴操作。

2. 写字板

"写字板"是 Windows 10 系统提供的一个文字处理软件,它提供了简单的文字编辑、排版以及图文处理等功能。支持多种文本格式,可保存为 Word 文件、纯文本文件、RTF 文件、MS-DOS 文本文件或 Unicode 文本文件。

(1)启动写字板

单击"开始"按钮→"Windows 附件"→"写字板"命令,即可启动"写字板"程序。

(2)操作界面(图 2-12)

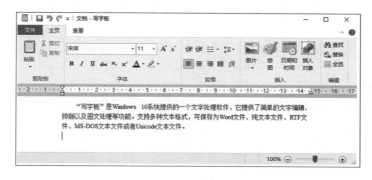

图 2-12　写字板操作界面

标题栏:显示当前文档的名称。左侧为快速访问工具栏,默认有"保存""撤消""重做"按钮,该工具栏可自定义;右侧为窗口控制按钮。

Ribbon 栏:由"文件"菜单、"主页"选项卡和"查看"选项卡组成,每个选项卡包含一组功能按钮。

标尺：为用户提供文字位置的参考依据，也可用于段落缩进的设置。

文档编辑区：是主要工作区域，用于文档的输入、编辑和显示等。

缩放栏：显示或调整当前文档的显示比例。

（3）输入和编辑文档

文字的输入：将插入点定位到要输入文字的位置，选择合适的输入法后即可进行文档内容的输入。文字输入满一行后会自动换行，如需分段则按【Enter】键。

文字的选择：将光标移到需要选择文字的开始出，变成Ⅰ形状时按下鼠标左键不放进行拖动，直至所需文字被全部选中后松开鼠标，被选中的文字以高亮显示。

文字的移动或复制：选中需要进行操作的文字后，单击"主页"选项卡→"剪切"或"复制"按钮，也可使用右击弹出的快捷菜单或键盘组合键。

文字的删除：按【Delete】键删除插入点右侧的文字；按【Backspace】键删除插入点左侧的文字；选择文字后，按【Delete】或【Backspace】删除所选文字。

设置文档格式：使用"主页"选项卡中的"字体"组可进行字体、字号、加粗、倾斜、颜色等文字格式的设置。

设置段落格式：使用"主页"选项卡中的"段落"组可进行缩进、行距、对其方式等段落格式的设置。

图片的插入：单击"主页"选项卡→"插入"组的"图片"按钮，即可打开"选择图片"对话框，选择需要插入的图片，单击"打开"按钮，即可将图片插入到当前光标所在之处。

（4）打开和保存文档

单击"文件"→"打开"或"保存"命令，或使用组合键【Ctrl＋O】（打开）和【Ctrl＋S】（保存）。注意保存时要确定好保存路径。

3. 画图

画图是 Windows 10 自带的一款图像绘制和编辑工具，用户可以用它绘制简单图像或对计算机中的图片进行处理。

（1）启动画图

单击"开始"→"Windows 附件"→"画图"命令，即可启动"画图"程序。

（2）操作界面（2-13）

程序窗口的各部分功能大致相同，这里不再详细介绍。

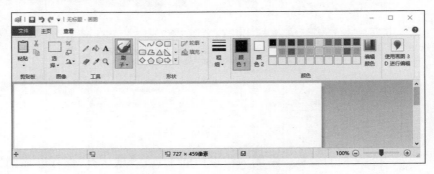

图 2-13　"画图"操作界面

（3）功能简介

下面就"主页"选项卡下的各组功能做简单介绍。

①剪贴板：复制、剪切、粘贴所选的图像或区域。

②图像：选择、裁剪、缩放、旋转图像或区域。

③工具：绘制、填充、编辑图像及输入文字。

④形状：绘制系统自带形状，并可以设置轮廓和填充的颜色或笔刷。

⑤颜色：选择颜色。

4. 截图工具

截图工具可以将计算机屏幕上的内容截取下来并以图片的形式保存或复制到其他程序中。单击"开始"→"Windows 附件"→"截图工具"命令，即可启动"截图工具"程序，单击"新建"按钮可选择四种截取方式：

①任意格式截图：该方式下按下鼠标左键并拖动，可以将屏幕上任意形状或区域截取为图片。

②矩形截图：这是程序默认的截图方式，按下鼠标左键拖动出的矩形区域将被截取。

③窗口截图：该方式下单击某个窗口，可将整个窗口截取下来。

④全屏幕截图：截取当前整个屏幕的图案。

扩展：使用【Windows＋Shift＋ S】组合键也可快速进入截图状态，屏幕变暗同时上方出现截图方式选择窗格；另外还可以使用键盘上的【PrintScreen】键截取整个屏幕，使用【Alt＋PrintScreen】截取活动窗口图像。但这些方法截取的图像存储在剪贴板里，需要再借助某些工具（如画图）"粘贴"出来才可以存储或使用。

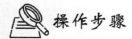 操作步骤

练习一：Windows 桌面相关操作。

1. 设置桌面只显示"此电脑""回收站""网络"三个系统默认图标

在桌面空白处右击，单击"个性化"→"主题"→"桌面图标设置"，打开"桌面图标设置"对话框，将要求项目前复选框勾选，其余取消。

2. 将"此电脑"图标移动至桌面中心位置

在桌面空白处右击，在弹出的菜单中单击"查看"→"自动排列图标"命令，取消"自动排列图标"命令的选择状态，鼠标拖动"此电脑"图标至桌面中心位置。

3. 查看本机的基本信息

在"此电脑"图标上右击，单击"属性"命令，打开"系统"窗口查看本机的系统版本、基础硬件信息和计算机名等基本信息。

4. 为"截图工具"添加桌面快捷方式

单击"开始"菜单→"Windows 附件"→"截图工具"，按住鼠标左键直接拖拽至桌面。

5. 设置和使用任务栏

（1）将"截图和草图"程序添加到任务栏按钮区

单击"开始"按钮，指向"截图和草图"，右击，在弹出的菜单中选择"更多"→"固定到任务栏"后单击。

（2）取消任务栏中搜索栏和微软小娜的显示状态

在搜索栏处右击，选择"搜索"→"隐藏"；

在微软小娜图标上右击，在弹出的菜单中单击"显示 Cortana 按钮"命令，取消该命令选择状态。

（3）调整任务栏大小。

当打开的任务窗口过多时，窗口按钮将无法全部显示在任务栏中，这时可调整任务栏的大小来解决问题。在任务栏空白处右击，取消选择"锁定任务栏"命令；将鼠标移到任务栏边缘变为↕时，按住鼠标左键进行拖动即可进行调整。

练习二：使用键盘

1. 在"金山打字通"内学习基础键位指法，并进行中文录入练习。

扩展： Windows 10 中用户可以根据个人习惯设置切换输入法的快捷键，方法如下：单击"开始"菜单左侧"设置"按钮，在打开的窗口中单击"时间和语言"→"语言"→"拼写、键入和键盘设置"→"高级键盘设置"→"输入语言热键"，弹出"文本服务和输入语言"对话框，单击"更改按键顺序"按钮即可设置。

---

2. 按【Windows＋D】组合键显示桌面，利用【Tab】键将桌面活动区域切换至"桌面图标"区。

3. 使用方向键将"此电脑"图标选择为高亮状态，按【Enter】键打开"此电脑"窗口（或使用【Windows＋E】组合键也可打开"此电脑"窗口）。

4. 利用【Tab】键和方向键打开"图片"文件夹，将其中"保存的图片"文件夹按【Delete】键删除。

5. 显示桌面，打开"回收站"窗口，将刚刚删除的"保存的图片"文件夹还原。

6. 按【Alt＋F4】或【Ctrl＋W】组合键关闭窗口。

练习三：窗口操作

1. 多窗口的切换

（1）分别打开"此电脑"、"回收站"和"网络"窗口，按【Windows＋M】组合键最小化所有窗口。

（2）使用【Alt＋Tab】组合键将"回收站"切换为活动窗口。

（3）单击任务栏"此电脑"标题按钮，将该窗口切换为活动窗口。

2. 窗口的排列

在任务栏空白处右击，选择"层叠窗口"命令排列窗口。

练习四：规划"信息技术"课程文件夹

1. 打开"文件资源管理器"，在 D 盘新建一个文件夹，命名为"信息技术"。

2. 在"信息技术"文件夹中再次新建 4 个文件夹，并依次命名为"作业"、"音频"、"图片"和"个人资料"。

3. 在 C 盘搜索文件名称包含字母 i 的 jpg 格式的图片，选择其中 5 个文件复制到"图片"文件夹。

4. 将"图片"窗口的文件和文件夹显示方式设为"详细信息"，所有图片按"名称"排序。

5. 在"作业"文件夹中新建"文本文档"类型文件，命名为"格式更改"。打开该文件编辑输入任意内容后保存关闭，将该文件扩展名更改为".docx"。

> **扩展**：窗口中的文件如果没有显示扩展名，可用以下方法显示：
> - 单击窗口"查看"选项卡，勾选"显示/隐藏"组中的"文件扩展名"选项。
> - 单击窗口"查看"选项卡中的"选项"按钮，打开"文件夹选项"对话框，单击"查看"选项卡，在"高级设置"列表框中将"隐藏已知文件类型的扩展名"选项取消。

6. 将"个人资料"文件夹设置为"隐藏"属性。

> **扩展**：设置文件为隐藏属性的方法：
> - 右击文件，选择"属性"命令，在打开的对话框中勾选"隐藏"复选框。
> - 选择文件后单击窗口"查看"选项卡，单击"显示/隐藏"组中的"隐藏所选项目"按钮。

7. 将"个人资料"文件夹重命名为"学生姓名"，如"张三"。

> **扩展**：对于隐藏属性的文件或文件夹，要对其进行相应操作需要通过设置将其再次显示出来，可使用以下方法：
> - 单击窗口"查看"选项卡，勾选"显示/隐藏"组中的"隐藏的项目"复选框。
> - 单击窗口"查看选项卡"中的"选项"按钮，打开"文件夹选项"对话框，单击"查看"选项卡，在"高级设置"列表框中单击勾选"显示隐藏的文件、文件夹和驱动器"选项。

8. 选择"作业"和"图片"文件夹，查看所占用的空间大小。
9. 将"音频"文件夹删除。

练习五：个性化设置

1. 将桌面背景设置为"幻灯片放映"方式，图片使用练习四中复制的 5 张图片文件。
2. 设置屏幕保护程序。

练习六：使用画图和写字板编辑"奋斗的青春"文档

1. 启动"写字板"程序。
2. 输入下面文字内容：

奋斗青春名人名言

青春的光辉，理想的钥匙，生命的意义，乃至人类的生存、发展……全包括在这两个字之中……奋斗！只有奋斗，才能治愈过去的创伤；只有奋斗，才是我们民族的希望和光明所在。——马克思

奋斗是万物之父。——陶行知

青春是有限的，智慧是无穷的，趁短的青春，去学习无穷的智慧。——高尔基

3. 设置标题格式：字体为"黑体"，字号"24"，段落为"居中"对齐。
4. 设置正文格式：字体为"楷体"，字号"18"，段落为"对齐"方式。
5. 利用标尺对正文设置首行缩进 2 字符。
6. 单击"主页"选项卡"插入"组中的"绘图"按钮，打开"画图"，创作一幅符合主题的插图。
7. 绘制完成关闭"画图"，图像将自动插入"写字板"中正在编辑的文档中，如图 2-14 所示。
8. 将文档保存在桌面，以"班级名＋序号＋姓名"方式命名。

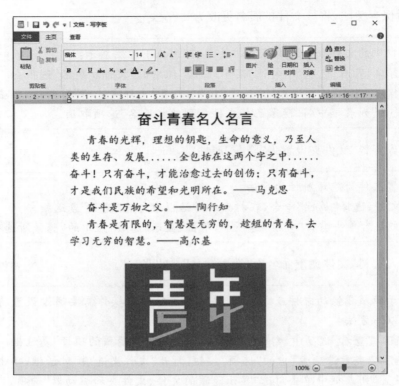

图 2-14　使用写字板编辑文档

9. 将保存好的 RTF 文档的打开方式更改为使用"写字板"打开。

知识拓展

（一）创建 Windows 10 系统安装 U 盘

要安装 Windows 10 操作系统，可以利用 Media Creation Tool 来创建 U 盘安装介质，U 盘的可用空间不能低于 4 GB，而不同版本的 Windows 10 操作系统的安装文件的容量并不相同，因此最好选择 8 GB 或更大容量的 U 盘来创建。方法如下：

1. 在网络浏览器中搜索"media creation tool 官网"打开该工具下载页面，如图 2-15 和图 2-16所示。

图 2-15　搜索 media creation tool

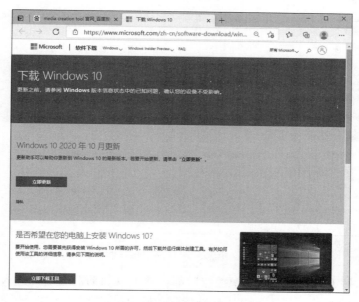

图 2-16　下载 Windows 10

2. 双击打开下载文件接受"适用的声明和许可条款",如图 2-17 所示。

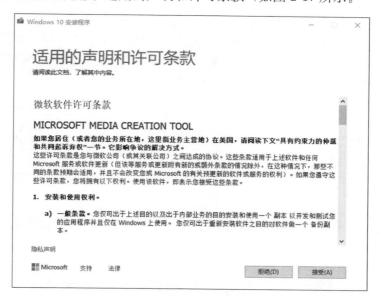

图 2-17　许可条款

3. 在下一步界面中选择"在另一台电脑创建安装介质(U 盘、DVD 或 ISO 文件)",单击"下一步"按钮。

4. 选择需要的语言、版本和体系结构,单击"下一步"按钮。

5. 选择"U 盘"作为创建介质,单击"下一步"按钮。

6. 选择用于创建安装介质的 U 盘,单击"下一步"按钮后立即开始创建,等待安装进度完成后即可。创建完成后会自动设置 U 盘卷标为 ESD-USB,其中包含内容如图 2-18 所示。

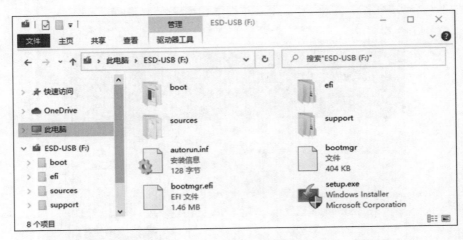

图 2-18　系统安装 U 盘中包含的内容

　　默认情况下,按下计算机开机电源按钮后都会从硬盘驱动器启动并进入操作系统。而全新安装 Windows 10 操作系统不能直接从硬盘驱动器启动,需要安装介质,如 U 盘,因此需要将计算机的默认启动设备更改为合适的驱动器。因不同主板 BIOS 设置启动设备的方法不一致,可自行网络搜索对应设置方法。

　　(二)应用程序间的信息交换与共享

　　要想实现在不同的程序中信息的交换与共享,需通过剪切板来完成。剪切板是内存中的一块暂存区域,用于应用程序间信息的传递。一般应用程序窗口里都有"剪切"、"复制"和"粘贴"这三个命令,信息的基本走向过程如图 2-19 所示。

图 2-19　信息的基本走向过程

　　这样做的好处是可以实现信息的多次复用,但用户在使用过程中是感觉不到剪贴板的存在的。

　　(三)Windows 10 的系统维护与优化

　　计算机使用一段时间后,用户会觉得系统运行速度减慢,这时就需要对系统进行一些维护。

　　1. 磁盘清理

　　用户在使用电脑的过程中会产生很多临时文件和垃圾文件,既占用磁盘空间又占用系统资源,利用磁盘清理程序可以清理这些文件。

　　(1)利用如下方法可启动"磁盘清理"程序:

　　①单击"开始"→"Windows 管理工具"→"磁盘清理"命令;

　　②右击磁盘驱动器,在弹出的下拉菜单中选择"属性"命令,单击"磁盘清理"按钮。

　　(2)打开"磁盘清理:驱动器选择"对话框,如图 2-20 所示。

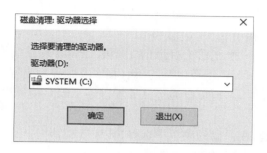

图 2-20　"磁盘清理:驱动器选择"对话框

（3）选择好驱动器后单击"确定"按钮，在弹出的对话框中勾选要删除的文件类型，如图 2-21所示。

图 2-21　确定删除文件类型

（4）单击"确定"按钮后弹出"确认"对话框，单击"删除文件"按钮程序则开始自动删除所选择的文件，删除完毕后程序会自动关闭窗口，完成磁盘清理操作。

2. 磁盘碎片整理

由于对大量文件不断存取和删除操作，磁盘上文件和可用空间会变得比较零散，我们称它为"碎片"。如果这种情况不加整理，磁盘的存取效率会下降。磁盘碎片整理程序就是将存储的文件重新整理放在连续的空间上，令磁盘可用空间变成整块，并且修复磁盘初始的错误或问题，如坏道，进而加快系统的运行速度。操作步骤如下：

（1）启动"磁盘碎片整理程序"：单击"开始"→"Windows 管理工具"→"磁盘整理和优化驱动器"命令，打开对话框。

（2）在当前状态中选择需要整理的磁盘，单击"优化"按钮。

(3)完成后单击"关闭"按钮结束磁盘碎片整理。

(四)管理正在运行的程序

任务管理器是 Windows 操作系统自带的用于监控和管理系统资源的工具,Windows 10 通过任务管理器实时监控系统中正在运行的所有程序及服务。当程序占用系统资源过多而影响正常运行或程序无响应时,用户可以通过任务管理器来随时结束程序的运行。

1. 启动任务管理器

①右击任务栏空白处,在弹出的菜单中选择"任务管理器"。

②按【Ctrl+Alt+Delete】组合键,选择"任务管理器"。

③单击"开始"按钮→中部 W 音序下"Windows 系统"→任务管理器。

④按【Ctrl+Shift+ESC】组合键。

以上方法均可启动任务管理器窗口,如图 2-22 所示。

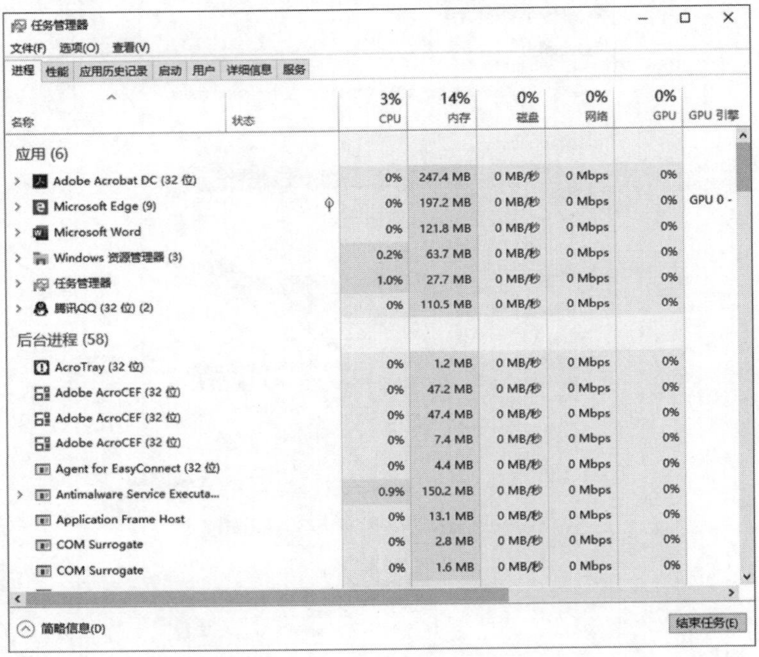

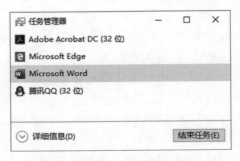

图 2-22　"任务管理器"窗口

单击左下角的"简略信息"可将窗口切换为简略模式,只显示当前正在运行的程序,如图 2-23所示。

图 2-23　"任务管理器"简略模式

2. 强制结束无响应的程序

程序在运行过程中有可能会出现无响应的状态,此时程序无法继续操作,也无法通过常规方法关闭,这时可使用任务管理器强制结束该程序。只需在任务管理器中选择无法响应的程序后,单击右下角的"结束任务"按钮即可。

(五)使用 BitLocker To Go 加密 USB 移动存储设备

BitLocker To Go 是从 Windows 7 开始提供的对 USB 设备进行加密的功能,借助该技术可以有效保护 USB 移动存储设备中数据的安全。

1. 加密 USB 设备

(1)将待加密的 U 盘接入计算机,打开"此电脑"窗口,右击"U 盘驱动器"图标,在弹出的下拉菜单中选择"启用 BitLocker"命令,显示如图 2-24 所示对话框。

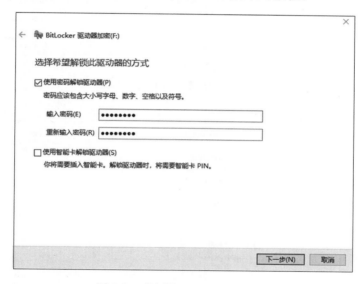

图 2-24 "启用 BitLocker"对话框

在对话框中勾选"使用密码解锁驱动器",并设置好密码,密码长度不能低于 8 位。完成后单击"下一步"按钮。

(2)在打开的对话框中选择"恢复密钥文件"的保存方式,如果以后用户忘记了解锁密码,可使用恢复密钥文件对 U 盘解锁并重设密码,如图 2-25 所示。

(3)在接下来的对话框中根据实际情况选择要加密的驱动器空间大小后单击"下一步"按钮。

(4)选择要使用的加密模式后单击"下一步"按钮。

(5)单击"开始加密"按钮完成设置。

2. 访问已加密的 USB 设备

经过 BitLocker To Go 加密的 USB 设备会在其驱动器图标上显示锁头标记,锁头打开表示处于解锁状态;锁头关闭则为锁定状态。处于锁定状态时,双击 U 盘驱动器图标,在打开的对话框中输入设置的密码即可解锁。

3. 删除密码并关闭 BitLocker To Go

右击经过 BitLocker To Go 加密的 USB 设备的驱动器图标,在弹出的下拉菜单中选择"管理 BitLocker"命令,打开"BitLocker 驱动器加密"窗口,可以对 U 盘密码进行相关的管理操作,如图 2-26 所示。

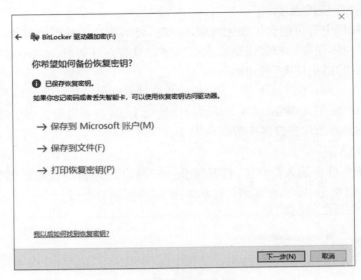

图 2-25　选择"备份恢复密钥"方式

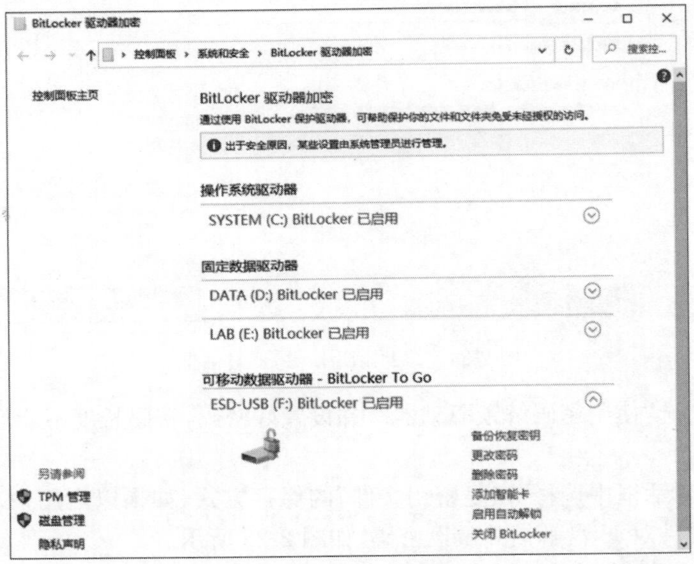

图 2-26　"BitLocker 驱动器加密"窗口

单击"删除密码"链接即可删除设置好的密码。但是在删除之前必须为 U 盘设置另一种解锁方式,如"添加智能卡"或"启用自动解锁",否则无法删除密码。

单击"关闭 BitLocker"链接即可完成解密工作并关闭该功能。

(六)使用 Windows 云应用

云计算是一种基于互联网的计算方式,它将硬件、软件和服务统一部署在一个特定的数据中心,这些资源可以按需提供给使用者,既便于资源的管理与维护,也降低了使用者的运维成本。云应用是云计算概念的子集,是云计算技术在应用层的体现。云应用的工作原理是把传统软件"本地安装、本地运算"的使用方式变为"即取即用"的服务。在 Windows 10 操作系统中,用户可以借助 Microsoft Azure 提供的服务,通过 OneDrive 和 Office Online 来实现跨设备的在线存储、数据同步等功能来实现云应用，为用户提供极大的便利。

1. OneDrive 应用

OneDrive 是微软提供的云存储服务，其前身是 SkyDrive。OneDrive 类似于很多网站提供的网盘功能，只不过它是微软提供的网盘。使用 OneDrive 的前提条件是必须要有 Microsoft 账户，该账户可以登录 Windows 10 操作系统以及其中包含的大量内置应用。成功注册一个 Microsoft 账户的同时就会有一个对用的 OneDrive 网盘。OneDrive 被全面整合到 Windows 10 操作系统中，用户可以在文件资源管理器、照片应用等很多地方看到该功能。

单击"开始"按钮，在"所有程序"列表中可找到 OneDrive 并启动，使用微软账户登录并设置本地同步文件夹后即可使用相应功能。

2. 使用 Office Online

从 Office2013 开始在应用程序内部为用户提供了登录 OneDrive 的功能，用户可以使用已有的微软账户登录，然后就可以将在应用程序中创建的 Office 文档直接保存到与微软账户对应的 OneDrive 存储空间中。

在本地 OneDrive 文件夹中创建 Office 文档，如果已经连接到 Internet，那么创建的文档会自动同步到云端 OneDrive 中。

（七）国产操作系统简介

操作系统覆盖的领域非常广泛，航空航天、工业机器人、个人计算机、手机等都运行着不同的操作系统，它控制硬件和软件之间的联系，因此具有非常重要的地位。近年来随着国际信息安全形势变化，信息安全成为各国关注的重点。使用信息技术作为攻击手段，对国家基础设施、人民群众财产安全造成损害的案件屡屡发生，推行自主可控的国产操作系统势在必行。中国工程院院士倪光南就表示："如果不使用我国自主研发的操作系统，系统的后门钥匙始终掌握在别人手里，那么我国的信息安全就没有保障……"

国产操作系统多为以 Linux 为基础二次开发的操作系统。目前比较有代表性的操作系统有：

（1）Deepin 深度操作系统，该系统致力于为全球用户提供美观、易用、安全、免费的使用环境。它不仅包括对全球优秀开源产品进行的集成和配置，还开发了基于 QT5 技术的自主 UI 库 DTK、系统设置中心以及音乐播放器、视频播放器、软件中心等一系列面向普通用户的应用程序。深度科技的操作系统产品，已通过了公安部安全操作系统认证、工信部国产操作系统适配认证，并入围国管局中央集中采购名录，在国内金融、运营商、教育等中得到了广泛应用。目前，深度操作系统下载超过 8 000 万次，提供 30 种不同的语言版本，以及遍布六大洲的 70 多个镜像站点的升级服务。

（2）银河麒麟操作系统。是由国防科技大学研发的闭源服务器操作系统。此操作系统是"863 计划"重大攻关科研项目，目标是打破国外操作系统的垄断，银河麒麟研发一套中国自主知识产权的服务器操作系统。银河麒麟完全版共包括实时版、安全版、服务器版三个版本，简化版是基于服务器版简化而成的。

（3）统信 UOS 操作系统。UOS 以 Deepin 为核心，由多家国内操作系统核心企业发起，包括中国电子集团（CEC）、武汉深之度等多家知名企业合力开发，为个人用户提供界面美观、安全稳定的系统体验，兼容市面上大部分的硬件设备，同时支持双内核、系统备份还原等功能，应用生态丰富，并提供差异化的增值服务和技术支持。

（4）中兴新支点操作系统。中兴新支点操作系统是一款基于 Linux 内核研发的操作系统，拥有"安全、简单、易用、美观"四大特色，支持国产 CPU 和各种软硬件，并且包含了用户需要的日常应用程序。该系统的界面操作和 Windows 类似，中兴新支点操作系统下的常用软件也有不少，比如 QQ、微信、360 浏览器、WPS、百度网盘等，但是软件适配数量还不能与 Windows 相提并论。但中兴新支点的服务器操作系统、嵌入式操作系统已经在多个专业领域击败国外系统，并获得较广泛的应用。比如其嵌入式系统就在高铁、电力、工业、汽车等多个关键领域成功替代国外系统。值得注意的是，复兴号高铁上搭载的正是中兴的新支点嵌入式操作系统。

项目三　制作简报

 ## 项目描述

Word 2016 是微软公司开发的 Microsoft Office 软件中的文字处理程序,是当今办公不可缺少的软件之一。本项目将学习 Word 中文字的输入、编辑、分栏、边框和底纹、页眉与页脚、文本框及项目符号等基本功能的使用方法,并完成如图 3-1 所示的电子简报。

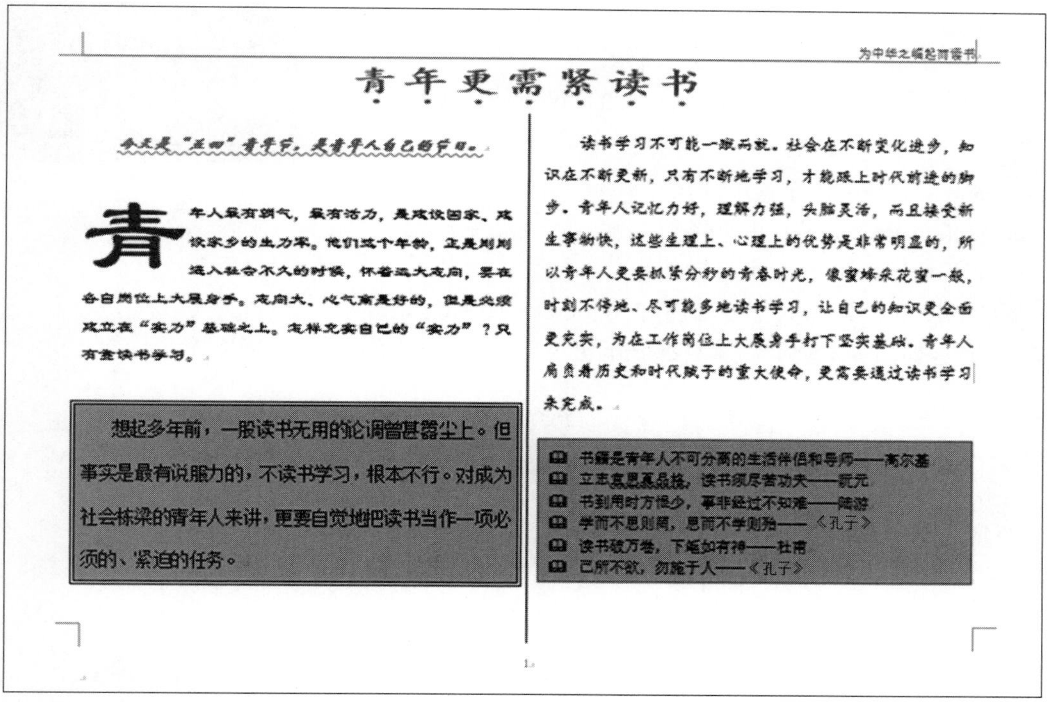

图 3-1　简报样张

 项目目标

学习目标:

1. 了解 Word 2016 的启动方法和界面的组成。
2. 掌握在 Word 中文字的输入和格式设置。
3. 掌握在 Word 中段落的设置。
4. 掌握在 Word 中使用分栏格式、首字下沉、项目符号功能。
5. 掌握在 Word 中使用文本框。

6. 掌握在 Word 中使用页眉页脚。

能力目标：

1. 能够熟练使用 Word 基本功能进行排版。

2. 能够使用自动功能完成自动更正和查找。

3. 会使用检查文档及文档保护。

素质目标：

1. 多方法解决问题。

2. 培养安全意识，使用文档保护功能，防止文档信息泄露。

 ## 知识储备

（一）启动 Word 2016

1. 单击"开始"按钮，在"开始"菜单程序列表的 W 音序下找到"Word 2016"后单击，如图 3-2 所示。

2. 快捷方式图标：双击桌面上的 Word 快捷方式图标 。

图 3-2　常规启动 Word 2016

3. 双击打开一个 Word 文档。

（二）Word 2016 的窗口界面组成

Word 2016 的窗口大部分功能和 Windows 10 操作系统中的窗口一致，如图 3-3 所示。重复部分不再说明，仅就新增部分加以介绍。

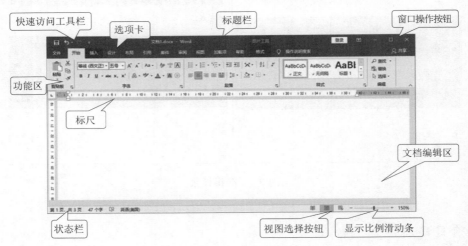

图 3-3　Word 2016 的窗口界面组成

标尺：具有设置页边距、段落缩进以及对齐等功能，可通过"视图"选项卡设置显示与否。

文档编辑区：Word 进行文档编辑的主要工作区域。

显示比例滑动条：如同"放大镜"一样可以对文档的显示比例进行调整，而不影响文档本身的真实大小。"显示比例"同样可在"视图"选项卡中进行设置。

视图选择按钮：分别是"阅读视图"、"页面视图"和"Web 版式视图"，而实际上 Word 2016

为用户提供了五种视图,可在"视图"选项卡中的"视图"组中进行选择,每种视图都能满足用户不同的排版需求,如图 3-4 所示。

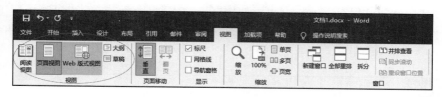

图 3-4　五种视图

页面视图:可以显示 Word 2016 文档的打印结果外观,主要包括页眉、页脚、图形对象、分栏设置、页面边距等元素,是最接近打印结果的视图。

阅读视图:以图书的分栏样式显示文档,"文件"按钮、功能区等窗口元素被隐藏起来。在阅读视图中,用户还可以单击"工具"按钮选择各种阅读工具。

Web 版式视图:以网页的形式显示文档,Web 版式视图适用于发送电子邮件和创建网页。

大纲视图:主要用于设置 Word 2016 文档的设置和显示标题的层级结构,并可以方便地折叠和展开各种层级的文档。大纲视图广泛用于长文档的快速浏览和设置。

草稿视图:取消了页面边距、分栏、页眉页脚和图片等元素,仅显示标题和正文,是最节省计算机系统硬件资源的视图方式。当然现在计算机系统的硬件配置都比较高,基本上不存在因硬件配置偏低而使 Word 2016 运行遇到障碍的问题。

(三)新建文档

1. 使用组合键

按【Ctrl+N】组合键,Word 就会新建一个空白文档。

2. 使用"文件"菜单

单击"文件"→"新建"→"空白文档"按钮,如图 3-5 所示。

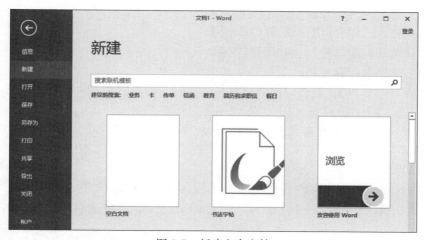

图 3-5　新建空白文档

3. 使用模板

单击"文件"→"新建"→选择搜索框下方所需模板按钮即可。

提示:若要使用联机模板,必须已连接到 Internet。

（四）保存文档

1. 对新创建的文档进行首次保存

（1）单击"文件"→"保存"命令。（也可使用【Ctrl＋S】组合键或单击"快速访问工具栏"上的"保存"按钮 ⊟），首次保存的文件会自动跳转到"另存为"命令，单击"浏览"可打开"另存为"对话框，如图 3-6 所示。

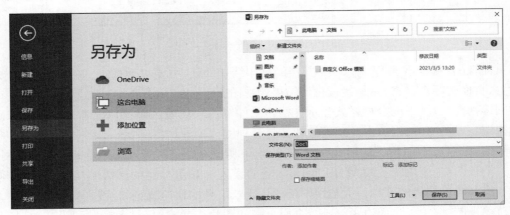

图 3-6　首次保存跳转"另存为"对话框

（2）在"地址栏"或"导航窗格"中确定文件保存位置后，在"文件名"后输入文件名称。

（3）在"保存类型"中选择文档保存格式后，单击"保存"按钮即可完成第一次保存。Word 2016 支持将文件保存为多种格式，默认格式扩展名为 docx，用户可根据需要自由选择所需格式，例如可携带文档格式 PDF。

2. 对已命名的文档进行保存

（1）对已有的文档或是修改后的文档，仍然使用上述保存方法，但不会弹出"另存为"对话框。

①单击"文件"→"保存"命令或按【Ctrl＋S】。

②单击"快速访问工具栏"上的"保存"图标。

（2）用另一文档名保存文档

单击"文件"→"另存为"命令，打开"另存为"对话框，操作同上。

提示：若要将文档保存到新文件夹中，请单击"新建文件夹"。

---

3. 保存为联机文档

Word 2016 允许用户将文件保存为联机文档，保存于云端，方便用户随时使用不同客户端来编辑文档。单击"文件"→"另存为"→"OneDrive"，即可将文件作为联机文档保存在云端。

（五）页面设置

在正式开始文档编辑时，首先对文档页面进行设置是必要的，可以避免后期打印文档时有可能出现的意外状况。

单击"布局"选项卡→"页面设置"组右下角对话框启动器 ◹，可打开"页面设置"对话框，如图 3-7 所示，共有四组标签：

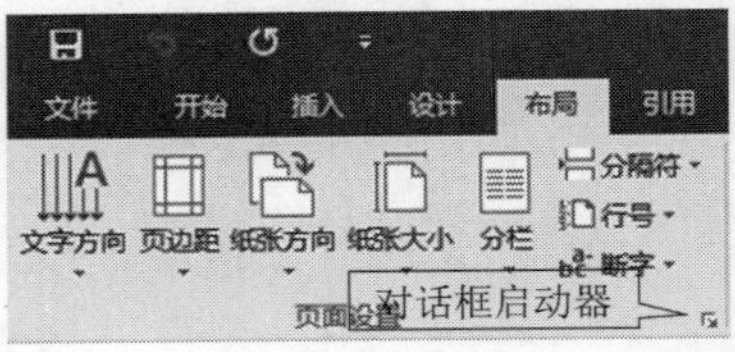

图 3-7　"页面设置"对话框启动器

1．页边距

可设置页边距尺寸和纸张方向。页边距是纸张边缘到工作区域的距离，有上下左右四个方向的调整，还可以设置装订线，以便腾出部分空间用于文档的装订。

2．纸张

选择文档纸张的大小规格，也可以自定义大小，默认纸张大小为 A4。

3．版式

为丰富页面效果提供了页眉和页脚的设置，让文档看上去更加专业。

4．文档网格

提供了文字排列方式和文字的行数和字符数等参数，可以让文件更加整齐和规范化。

（六）录入文档内容

1．输入文字信息

（1）首先将插入点定位到要插入文字的位置，选择输入法后即可输入。

（2）当输入的文本到达右边界时，Word 自动换行，不用输入回车符。只有当完成输入一个段落时才需要输入回车符。

2．输入符号

（1）首先将插入点定位到要插入符号的位置。

（2）单击"插入"选项卡→"符号"组中"符号"按钮→"其他符号"命令，打开"符号"对话框，如图 3-8 所示。

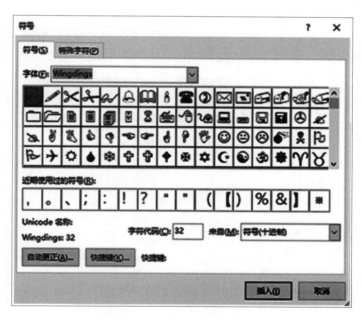

图 3-8　"符号"对话框

（3）选择要插入的符号→单击"插入"按钮，完成插入符号的操作。

（七）选择文字

1．任意文字的选择

将鼠标移到要选择文字的开始，按住鼠标左键并拖动到文字的结尾。

2. 选择一行文字

将鼠标移到该行左侧的选择区,鼠标的形状变为向右侧倾斜时,单击即可选择一行文字。若双击和三击,执行结果则为选择整段和全文。

3. 选择多行文字

选择一行文字后按住鼠标左键向上或向下拖动,选择所需要的行。当选择文字区域较大时,可先选择第一行,再按住【Shift】键单击最后一行。当选择的多行不连续时,可先选择第一行,再按住【Ctrl】键单击需要选择的行。

4. 选择任意矩形区域

按住【Alt】键的同时拖动鼠标。

5. 在正文区的选择操作

首先确定鼠标位置,分别单击、双击和三击,执行结果分别是定位插入点、选择一个词组和选择当前段落。

6. 全部选择

按住【Ctrl+A】可选择全文。

(八)对选择文字的编辑

1. 删除选择的文字

选择文字,按【Backspace】或【Delete】键。当光标定位处于插入状态时,【Backspace】可删除插入点左侧字符,【Delete】可删除插入点右侧字符。

2. 复制选择的文字

选定需要复制的内容,单击"开始"选项卡→"剪贴板"组中"复制"按钮,将插入点定位在目标位置,单击"开始"选项卡→"剪贴板"组中"粘贴"按钮,即可完成复制过程,如图3-9所示。

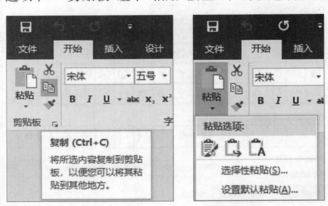

图3-9　复制文字的方法

粘贴时可选择三种类型:

(1)保留源格式:粘贴后的文本保留原来的格式,不受新位置格式控制。

(2)合并格式:不仅可保留原有格式,还可以应用当前位置中的文本格式。

(3)只保留文本:只保留文本内容而不带有原本的格式。

3. 移动选定的文字

选定需要移动的内容,单击"开始"→"剪贴板"→"剪切"按钮 ✂ ,将鼠标定位在目标的位置,单击"开始"选项卡→"剪贴板"组中"粘贴"按钮,即可完成移动过程。

同时还可以用其他方法:

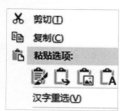

图 3-10　利用快捷菜单复制和
移动文字的方法

①右击鼠标在打开的快捷菜单中选择"复制"、"剪切"或"粘贴选项"命令,如图 3-10 所示。

②组合键【Ctrl＋C】、【Ctrl＋X】和【Ctrl＋V】也可以完成复制、剪切和粘贴的功能。

（九）页眉与页脚

页眉与页脚分别位于页面的顶部与底部,是每个页面的顶部、底部和两侧页边距中的区域。在页眉与页脚中,主要可以插入文档页码、日期、公司名称、作者姓名、公司徽标等内容。

1. 插入页眉与页脚

单击"插入"选项卡→"页眉和页脚"组中"页眉"命令,在列表中选择选项即可为文档插入页眉。同样,执行"页脚"命令,在列表中选择选项即可为文档插入页脚。

2. 编辑页眉与页脚

插入页眉与页脚之后,用户还需要根据实际情况自定义页眉与页脚,即更改页眉与页脚的样式、更改显示内容及删除页眉与页脚等。

（1）更改样式

单击"插入"选项卡→"页眉和页脚"组中"页眉"或"页脚"命令,在列表中选择需要的样式即可。

（2）更改显示内容

插入页眉与页脚之后,还需要根据文档内容更改或输入标题名称等。单击"插入"选项卡→"页眉与页脚"组中"页眉"→"编辑页眉"命令,更改页眉内容即可。也可以通过双击页眉或页脚区域来激活页眉与页脚,从而实现更改页眉与页脚内容的操作。另外,还可以右击页眉或页脚选择"编辑页眉"或"编辑页脚"选项。

（3）删除页眉与页脚

单击"插入"选项卡→"页眉和页脚"组中"页眉"→"删除页眉"命令,即可删除页眉。同样,单击"页脚"→"删除页脚"命令即可删除页脚。

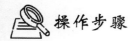 操作步骤

（一）创建新文档并输入简报内容

1. 新建空白文档

启动 Word 2016→创建新的空白文档。

2. 保存文档

（1）首次保存

单击"文件"→"保存"命令。（也可使用【Ctrl＋S】组合键或单击"快速访问工具栏"上的"保存"按钮）,首次保存的文件会自动跳转到"另存为"命令,单击"浏览"可打开"另存为"对话框。将"保存位置"设置为 D 盘中"高职信息技术"文件夹,在"文件名"下拉列表框中输入"简报"作为文件名。在"保存类型"中选择"Word 文档",单击"保存"按钮,完成第一次保存,如图 3-11 所示。

（2）文档编辑后的保存

使用【Ctrl＋S】组合键或单击"快速访问工具栏"上的"保存"图标。

图 3-11　保存"简报"文件

3. 页面设置

（1）单击"布局"选项卡→"页面设置"组对话框启动器☑，打开"页面设置"对话框，在"纸张方向"中选择"横向"，在"页边距"中设置上、下、左、右均为 2 厘米，如图 3-12 所示。

（2）单击"纸张"标签，在"纸张大小"下拉列表中选择"B5（JIS）"，单击"确定"按钮，完成页面的设置，如图 3-13 所示。

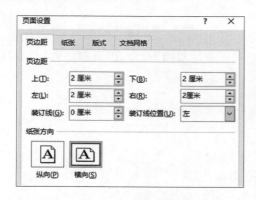

图 3-12　设置"页边距"

图 3-13　设置"纸张"

4. 按照原稿的内容录入文字

（1）录入标题

将插入点定位到页面中录入标题的位置，录入标题"青年更需紧读书"。

（2）录入正文

在标题的下一行开始录入正文内容。

> **提示：**回车符【Enter】键，代表一个段落的生成，起到分段的作用。

（二）编辑标题

1. 选中标题"青年更需紧读书"，单击"开始"选项卡→"字体"组下对话框启动器☑，如图 3-14 所示。

图 3-14 "字体"对话框启动器

2. 打开"字体"对话框，单击"字体"标签，在"中文字体"下拉列表框中选择"楷体"，在"字形"列表框中选择"加粗"，在"字号"列表框中选择"二号"，在"字体颜色"下拉列表框中选择"蓝色"，并选择"着重号"，如图 3-15 所示。

3. 单击"高级"标签，在"缩放"下拉列表框中选择"150％"，在"间距"下拉列表框中选择"加宽"，磅值为"1 磅"，在"位置"中选择"标准"，单击"确定"按钮，如图 3-16 所示。

图 3-15 "字体"对话框

图 3-16 "字符间距"设置

4. 选择标题文字，单击"开始"选项卡→"段落"组中"居中"按钮，使标题居中对齐。

（三）对简报文字字体、段落进行编辑

1. 正文第一段字体的设置

（1）选中正文第一段文字，单击"开始"选项卡→"字体"组右下对话框启动器☑，打开"字体"对话框。

（2）单击"字体"标签，在"中文字体"中选择"华文新魏"，在"字形"中选择"加粗倾斜"，在"字号"中选择"小四"，在"字体颜色"中选择一种颜色，在"下划线线型"中选择"波浪线"，单击"确定"按钮，如图3-17所示（或在"开始"选项卡"字体"组中直接选择相应的字体设置）。

2. 正文第二段字体的设置

（1）选择正文第二段文字，打开"字体"对话框。

（2）单击"字体"标签，在"中文字体"中选择"隶书"，在"字形"框中选择"常规"，"字号"为"小四"，其他内容任意设置，单击"确定"按钮，如图3-18所示。

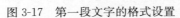

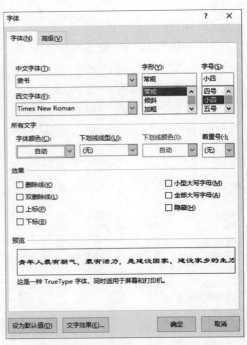

图3-17　第一段文字的格式设置　　　　图3-18　第二段文字的格式设置

3. 正文第三段字体的设置

"字体"为"宋体"，"字形"为"常规"，在"字号"数值框中输入"12.5"，如图3-19所示。

4. 正文第四段字体的设置

"字体"为"楷体"，"字形"为"常规"，"字号"为"小四"；"读书名言"部分的字体格式自选设置。

5. 整个文档段落的设置

（1）选择正文的第一、三、四段文字。

（2）单击"开始"选项卡→"段落"组右下对话框启动器▣，打开"段落"对话框。

（3）单击"缩进和间距"标签，在"常规"栏的"对齐方式"中选择"两端对齐"（默认方式），在"特殊"中选择"首行"，"缩进值"为"2字符"，在"间距"中设置段前为1.5行，段后为1行，在"行距"中选择"1.5倍行距"，单击"确定"按钮，如图3-20所示。

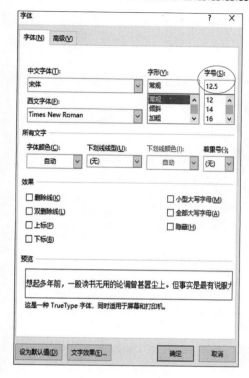

图 3-19 第三段文字的格式设置图　　　　图 3-20 "段落"对话框

第二段文字设置为两端对齐,段前 1.5 行,段后 1 行,行距 1.3 倍。

(四)对简报内容进行美化

1. 对整个正文内容进行分栏

(1)选择除标题外整个正文内容,单击"布局"选项卡→"页面设置"组中"分栏"按钮,选择"更多分栏"命令,打开"分栏"对话框。

(2)在"预设"中选择"两栏"方式,勾选"分隔线"复选框和"栏宽相等"复选框,在"应用于"中选择"所选文字",单击"确定"按钮,如图 3-21 所示。

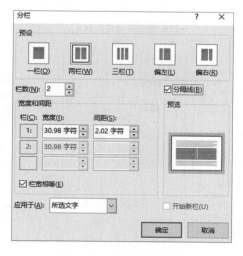

图 3-21 "分栏"对话框

（3）将插入点定位在第四段前，单击"布局"选项卡→"分隔符"→"分栏符"，设置第四段从第二栏开始，效果如图 3-1 所示。

2. 首字下沉

（1）将鼠标定位在正文第二段段首，单击"插入"选项卡→"文本"组中"首字下沉"按钮→"首字下沉选项"命令，打开"首字下沉"对话框，如图 3-22 所示。

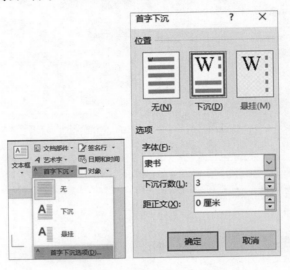

图 3-22　"首字下沉"对话框

（2）在"位置"中选择"下沉"，在"字体"下拉列表框中选择一种字体，在"下沉行数"选择"3"，单击"确定"按钮。

（五）边框与底纹

（1）选中正文第三段文字，单击"开始"选项卡→"段落"组中"边框"下拉箭头→"边框和底纹"命令，打开"边框和底纹"对话框，单击"边框"标签，在"设置"中选择"方框"，在"样式"下拉列表框中选择"双线"，在"颜色"下拉列表框中选择"自动"，在"宽度"下拉列表框中选择"0.5"磅，在"应用于"中选择"段落"，在"预览"栏中观察效果，单击"确定"按钮，如图 3-23 所示。

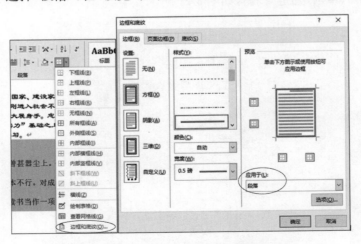

图 3-23　"边框和底纹"对话框中边框的设置

（2）单击"底纹"标签，在"填充"区中选择颜色为"蓝色，个性色1，淡色40％"，在"应用于"中选择"段落"，单击"确定"按钮，如图3-24所示。

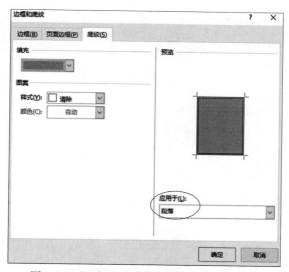

图3-24 "边框和底纹"对话框中底纹的设置

（六）文本框的使用

1. 插入文本框

选中"读书名言"部分文字，单击"插入"选项卡→"文本"组中"文本框"下拉箭头，选择"绘制文本框"命令，鼠标拖动即可插入文本框，如图3-25所示。

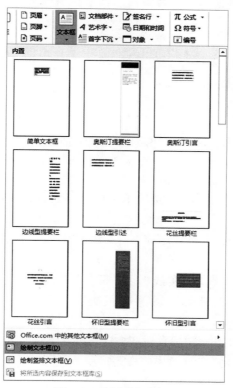

图3-25 插入"文本框"

2. 编辑文本框

（1）选中文本框，单击"绘图工具/格式"选项卡，如图 3-26 所示。

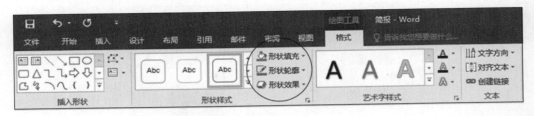

图 3-26　绘图工具

（2）在"形状填充"下拉箭头选择一种颜色，如图 3-27 所示。

（3）在"形状轮廓"下拉箭头中选择"粗细"中的一种，如图 3-28 所示。

（4）在"形状效果"下拉列箭头中选择"预设"的一种，如图 3-29 所示。

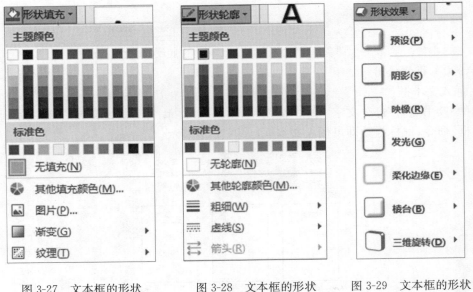

图 3-27　文本框的形状　　　图 3-28　文本框的形状　　　图 3-29　文本框的形状
　　填充设置　　　　　　　　　轮廓设置　　　　　　　　　效果设置

　　也可以利用单击"绘图工具/格式"选项卡中的"形状样式"组对话框启动器，打开"设置形状格式"窗格进行设置。

　　（1）在"填充"标签区中选择"纯色填充"，在"颜色"下拉箭头中选择一种颜色，单击"关闭"按钮，如图 3-30 所示。

　　（2）在"线条"标签区中选择"实线"，在"颜色"下拉箭头中选择一种颜色，对"宽度""复合类型""短划线类型""端点类型""联接类型"等进行选择，单击"关闭"按钮，如图 3-31所示。

　　（3）在"文本选项"标签区中对"垂直对齐方式""文字方向""左边距""右边距""上边距""下边距"等进行选择，单击"关闭"按钮，如图 3-32 所示。

图 3-30　设置颜色

图 3-31　设置线型

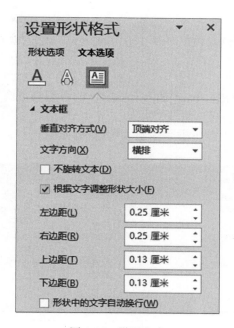

图 3-32　设置文本

3. 设置项目符号

(1)选中"读书名言"部分文字,单击"开始"选项卡→"段落"组中"项目符号"下拉箭头,在"项目符号库"中选择一种符号,如图 3-33 所示。

(2)单击"开始"选项卡→"段落"组中"项目符号"下拉箭头→"定义新项目符号"命令,打开"定义新项目符号"对话框,如图 3-34 所示。在"定义新项目符号"对话框中,单击"项目符号字符"中的"符号(S)…",打开"符号"对话框,选择需要的符号作为新项目符号。用户也可根据需要选择"图片(P)…"或"字体(F)…"按钮。

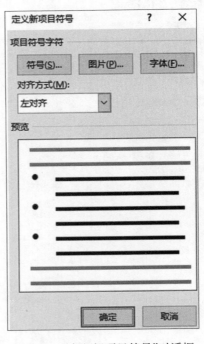

图 3-33　设置项目符号　　　　　　　图 3-34　"定义新项目符号"对话框

(七)设置页眉和页脚

1. 将插入点定位在文档中,单击"插入"选项卡→"页眉和页脚"组中"页眉"按钮,选择"编辑页眉"命令,进入编辑"页眉和页脚"状态。

2. 在页眉框中输入"为中华之崛起而读书"并将该文字右对齐,如图 3-35 所示。

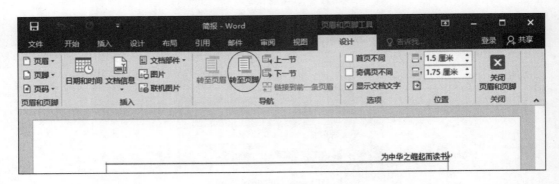

图 3-35　页眉输入框

3. 单击"页眉和页脚工具/设计"选项卡→"导航"组中"转至页脚"按钮进入页脚编辑状态,单击"页眉和页脚工具/设计"选项卡→"页眉和页脚"组中"页码"按钮→页面底端→普通数字2,将插入点定位到页码下方空白回车符位置,使用回格键消除多余回车符,单击"关闭"按钮,如图 3-36 所示。

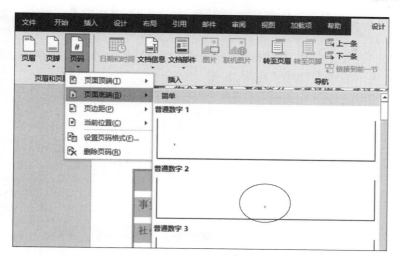

图 3-36 页脚输入框

知识拓展

（一）页眉和页脚在编辑中的使用技巧

1. 在页眉和页脚编辑方式下，不能对正文进行编辑。

2. 在页面视图下，可以通过双击页眉或页脚所在位置，进入页眉和页脚编辑状态。

3. 在页眉和页脚中可以添加小图标。

4. 调整页眉或页脚的区域大小。

（1）双击"页眉和页脚"区域进入编辑状态，同时开启"页眉和页脚工具/设计"选项卡。

（2）在"位置"组中的"页眉顶端距离"和"页脚底端距离"中输入所需的距离，单击"关闭"按钮退出页眉和页脚编辑状态。此方法可以纠正分栏线覆盖页码的现象。

（二）查找和替换

1. 文本查找

（1）将光标定位在要查找内容的文档开始，单击"开始"选项卡→"编辑"组中"查找"下拉箭头，如图 3-37 所示。

图 3-37 查找文本的设置

（2）继续单击"查找"打开文档左侧"导航"窗格，在搜索框中输入要查找的文本内容，这时被查找出来的文字会以黄色底纹显示。

2. 替换文本

替换文本就像交换东西一样，在 Word 中替换文本就是将文档中查找到的文本、批注等修改为其他内容。

(1)将插入点定位在要查找内容的文档开始,单击"开始"选项卡→"编辑"组中"替换"按钮,如图 3-37 所示。

(2)在弹出的"查找和替换"对话框中,分别输入要查找的文本和要替换的文本,单击"查找下一处"按钮,查找出后单击"替换"按钮,如图 3-38 所示。

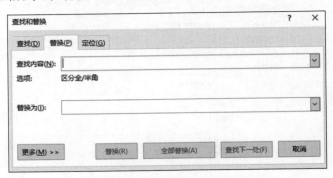

图 3-38　"查找和替换"对话框

(3)若单击"全部替换"按钮,则会进行整篇文档内容的替换功能,完成后将自动弹出提示对话框,提示 Word 已完成对文档的替换,单击"确定"按钮,如图 3-39 所示。

(4)单击"关闭"按钮,关闭"查找和替换"对话框。返回到文档即可看到替换文本后的效果。

图 3-39　提示对话框

> **提示**:当文本中已经完成了替换操作,则"查找和替换"对话框中的"取消"按钮变为"关闭"按钮。此外,按【Ctrl+H】组合键可打开"查找和替换"对话框的"替换"选项卡。

3. 文本格式替换

(1)将光标定位在要查找内容的文档开始,单击"开始"→"编辑"组中"替换"按钮,如图 3-37 所示,打开"查找与替换"对话框,显示"替换"标签。

(2)在"查找内容"文本框中输入查找内容,在"替换为"文本框中输入替换内容。

(3)单击"更多"按钮,展开"查找和替换"对话框,如图 3-40 所示。

(4)插入点定位"替换"文本框中,单击"格式"按钮,选择需要替换的格式类型,打开对应对话框后设置即可完成格式的替换。

(三)格式刷的用法

要将一个段落的格式应用于另一段落,一般使用"格式刷"工具。

1. 首先将插入点定位到所需格式的段落中,单击"开始"选项卡→"剪贴板"组中"格式刷"按钮 ❖ 格式刷 ,当鼠标变为"刷子"形状之后拖动选择要应用该格式的段落(一次复制)。

2. 多次复制时要双击"格式刷"按钮。

3. 单击"格式刷"按钮或按【Esc】键取消格式刷状态。

(四)自动保存文档

使用"自动保存"和"自动恢复"可在发生崩溃或停电时帮助保存文件。(提示:已恢复文件包含的新信息量取决于 Office 程序保存恢复文件的频率。)程序默认自动保存时间间隔为 10 分钟,用户也可自行更改。单击"文件"→"选项"→"保存",在"自动保存或自动恢复信息时间间隔"框中,输入希望程序保存文档的时间间隔。还可以勾选"如果我没保存就关闭,请保留上次自动保留的版本",则如出现意外关闭状况,再次启动程序时会进行自动恢复,如图 3-41 所示。

图 3-40　展开后的"查找和替换"对话框

图 3-41　设置"自动保存"

（五）检查文档

一篇文档除了页面中的文本内容外,还包含了很多其他信息,为了防止意外泄露信息,可对文档进行检查。单击"文件"→"信息"→"检查文档",包含以下三项:

1. 检查文档

用来检查文档中是否有隐藏的属性或个人信息。选择该项，将打开"文档检查器"对话框，如图 3-42 所示。

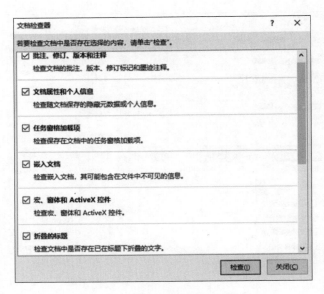

图 3-42　"文档检查器"对话框

单击"检查"按钮，程序进行检查，完成后显示结果，用户可根据需求删除相关信息，如图 3-43所示。

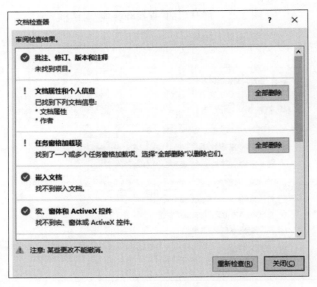

图 3-43　审阅检查结果

2. 检查辅助功能

检查文档中是否有残障人士可能难以阅读的内容。选择该项将打开"辅助功能检查器"窗格，显示检查结果。

3. 检查兼容性

检查文档中是否有早期版本 Word 不支持的功能。选择该项，将打开"Microsoft Word 兼容性检查器"，显示检查结果，如图 3-44 所示。

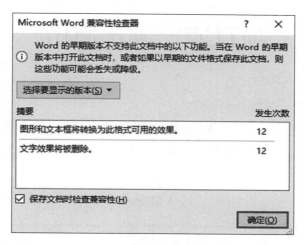

图 3-44　兼容性检查器

（六）保护文档

Word 2016 还可以对文档采取一些保护措施，控制他人对文档所做的更改类型。单击"文件"→"信息"→"保护文档"，包含以下几项：

（1）标记为最终状态：让读者知晓此文档为最终版本，并将设置为只读。

（2）用密码进行加密：对该文档设置密码进行保护。

（3）限制编辑：打开"限制编辑"窗格，进行格式或内容编辑的限制。

（4）限制访问：授予用户访问权限，同时限制其编辑、复制和打印能力。

（5）添加数字签名：添加不可见数字签名来确保文档完整性。

项目四　制作简历

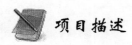

项目描述

相较于文字而言,表格是一种简明、概要的表意方式,其结构严谨,效果直观。Word 2016也具有制作表格的功能。本项目将依据新生入学填写的个人简历为内容,学习表格的创建、编辑、格式设置等功能,如图 4-1 所示。

个人简历↵

姓名↵	↵	性别↵	↵	政治↓ 面貌↵	↵	
出生↓ 年月↵	↵	民族↵	↵	联系↓ 电话↵	↵	照 片↵
毕业↓ 院校↵	↵		↵	身体↓ 状况↵	↵	
通讯↓ 地址↵	↵					↵
个 人 简 历↵	↵					↵
奖励↓ 情况↵	↵					↵
有何↓ 特长↵	↵					↵
备注↵	↵					↵

图 4-1　个人简历表

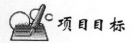 项目目标

学习目标：

1. 掌握在文档中插入表格。

2. 学会在表格中录入文字和表格中文字的基本编辑方法。

3. 学会对表格进行编辑的方法。

4. 掌握文本和表格的相互转换。

5. 了解表格的自动套用格式。

6. 掌握设置表格的边框和底纹。

7. 学会在表格中进行计算和排序。

能力目标：

1. 能够利用表格功能进行简历的制作。

2. 能够对表格中的数据进行计算。

素质目标：

1. 新时代青年要勇于砥砺奋斗,谱写华丽的成长手册。

2. 做好职业规划,明确目标。

3. 培养诚信意识,真实准确填报各种信息。

 知识储备

(一)表格中用到的名词

1. 边框

边框就是指绘制表格时经常提到的表格线(一般是指最外层的表格线)。Word 2016 可以为边框设置边框宽度、边框颜色和线型,而不必像以前那样手动绘制表格边框,如图 4-2 所示。

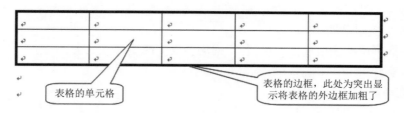

图 4-2　表格的边框

> **提示:** 在默认状态下,所有的表格边框都为 0.5 磅粗的黑色实线。

2. 单元格

单元格是表格最基本的组成部分,可以在单元格中录入文字,也可以插入图形等其他内容。还可为单元格设置边框和底纹,整个表格也可以设置边框和底纹,其效果如图 4-3 所示。

图 4-3　表格的底纹

(二)表格的组成

1.表格移动手柄

当将鼠标停留在表格所在位置时,会显示此图标,如图 4-4 所示。单击此图标,可以选中整个表格,用鼠标拖动此图标可以移动表格。

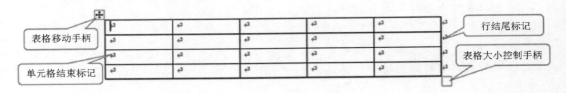

图 4-4　表格的组成

2.行结尾标记

行结尾标记表示表格一行的结束,它是在创建表格时自动形成的。行尾标记用来控制对表格的操作。如果在选定时包括行尾标记,那么所做的改变将作用于表格,而不是作用于表格中的内容。

> **提示:**用鼠标或键盘将光标移到行结尾标记前按【Enter】回车键,可以插入行。

3.单元格结束标记

单元格结束标记表示一个文字段落的结束。在正文中它就称为段落标记,由于此处用在表格中,所以将其称作"单元格结束标记"。每次在单元格中输入一个【Enter】回车键,就有一个"单元格结束标记"产生。

4.表格大小控制手柄

拖动该手柄可调整表格整体大小,各行列均会发生改变。

(三)插入表格

1.鼠标拖动插入

(1)在要插入表格的位置单击。

(2)单击"插入"选项卡→"表格"组中"表格"按钮,然后在"插入表格"下,拖动鼠标以选择需要的行数和列数,如图 4-5 所示。

2.使用"插入表格"对话框

(1)在要插入表格的位置单击。

(2)单击"插入"选项卡→"表格"组中"表格"按钮→"插入表格"命令,打开"插入表格"对话框,在表格尺寸中选择列数和行数,在"自动调整"操作中选择列宽的调整依据,如图 4-6 所示。

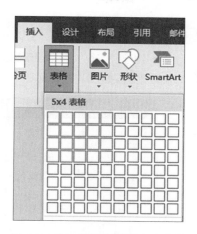

图 4-5　拖动行数和列数生成表格

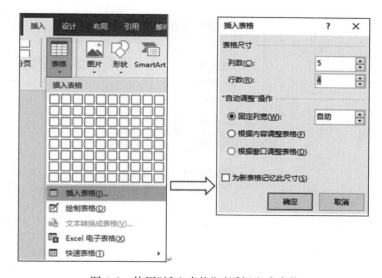

图 4-6　使用"插入表格"对话框生成表格

3. 直接绘制表格

Word 2016 中还提供了绘制表格的功能,选择图 4-6 中的"绘制表格"命令后,鼠标状态变为"铅笔",即可用鼠标拖动的方法进行表格的绘制。已有部分表格后,还可以单击"表格工具/布局"选项卡→"绘图"组→"绘制表格"按钮,如图 4-7 所示。可在"设计"选项卡的"边框"组中预先设置"铅笔"的"笔样式""笔画粗细""笔颜色"等属性,对于不需要的边框还可以使用"橡皮擦"进行清除。"绘制表格"更适用于制作不规则表格。

图 4-7　手动绘制表格

4. 使用表格模板

(1)在要插入表格的位置单击。

(2)单击"插入"选项卡→"表格"→"快速表格",再单击需要的模板。

(3)使用所需的数据替换模板中的数据,如图 4-8 所示。

表 4-8 使用表格模板生成表格

(四)表格中的选定

想要对表格中的内容进行编辑,需要先选定编辑对象,表 4-1 就列举了表格中不同类型对象的选定方法。

表 4-1 表格的选定

目 的	操作方法
选定一个单元格	单击单元格左边边界
选定一行	单击该行左侧
选定一列	单击该列顶端的边框
选定单元格区域	在选定的单元格、行或列上拖动鼠标
选定下一个单元格中的文本	按【Tab】键
选定前一个单元格中的文本	按【Shift+Tab】组合键
选定当前单元格的文本	拖动定位在单元格中的鼠标
选定整个表格	单击表格的移动手柄

提示:若选择多个单元格、多行或多列,可先选定某一单元格、行或列,然后在按下【Shift】键的同时单击其他单元格、行或列。

（五）调整表格的行高和列宽

1. 用鼠标调整行高和列宽

（1）调整行高

在"页面视图"中，将鼠标移动到需要调整行的框线的上边或下边，此时鼠标变成上下箭头，拖动鼠标至所需的位置，释放鼠标。

（2）调整列宽

在"页面视图"中，将鼠标移动到需要调整列的框线的左边或右边，此时鼠标变成左右箭头，拖动鼠标至所需的位置，释放鼠标。

> **注意：** 第一行框线的上边框是不能往上或往下拖动的。

2. 用表格属性调整表格的行高和列宽

（1）调整表格的行高

选定要调整行高的行后右击，在快捷菜单中选择"表格属性"命令，打开"表格属性"对话框，选择"行"标签，选中"指定高度"复选框，在数值框中选择数值，单击"确定"按钮，如图4-9所示。

（2）调整列宽

选定要调整列宽的列，在"表格属性"对话框中，选择"列"标签，选择"指定宽度"复选框，在列宽单位中选择"厘米"为单位，在数值框中选择数值，单击"确定"按钮，如图4-10所示。

图4-9　行高的设置

图4-10　列宽的设置

3. 在"表格工具"的"布局"选项卡中，调整单元格的行高和列宽

选定行或列，单击"表格工具/布局"选项卡，在"单元格大小"组中调整"高度"或"宽度"的数据，也可实现行高和列宽的调整，如图4-11所示。

图4-11　设置表格行高和列宽

（六）插入行、列及单元格

1. 使用快捷菜单

光标定位要插入的位置后右击，在快捷菜单中选择"插入"子菜单下的命令，如图 4-12 所示。

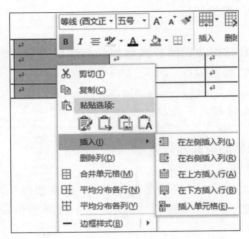

图 4-12　使用快捷菜单插入"行"或"列"

2. 使用"表格工具"选项卡

光标定位要插入的位置，单击"表格工具/布局"选项卡→"行和列"组中"在上方插入"（或在下方插入）按钮，如图 4-13 所示。

图 4-13　使用"表格工具/布局"选项卡插入"行"或"列"

（七）删除行或列

1. 使用快捷菜单

选择行或列后右击，在快捷菜单中选择相应的删除命令。

2. 使用"表格工具"

选择行或列，单击"表格工具/布局"选项卡，在下拉菜单中再单击相应的删除命令按钮，如图 4-14 所示。

3. 使用键盘

选择行或列，按【Backspace】键，即可删除相应的行或列。如果选择表格，按【Backspace】键，将删除整个表格。

图 4-14　使用菜单删除
"行"或"列"

提示：插入及删除表格行与列的方法，也适用于插入与删除表格的单元格。

（八）删除单元格内容

选择需要删除的内容，按【Delete】键，完成删除。

（九）复制或移动表格的内容

1. 复制表格的内容

选择需要复制的表格内容（行、列或单元格中的文字），单击"开始"→"剪贴板"组中"复制"按钮，将插入点定位在目标位置，单击"开始"→"剪贴板"组中"粘贴"按钮，完成复制过程。

2. 移动表格的内容

选择需要移动的表格内容（行、列或单元格中的文字），单击"开始"→"剪贴板"组中"剪切"按钮，将鼠标定位在目标位置，单击"开始"→"剪贴板"组中"粘贴"按钮，完成移动过程。

也可以使用快捷菜单或组合键实现表格内容的移动或复制。

（十）单元格的操作

1. 合并与拆分单元格

选择需要合并的几个单元格后右击，选择快捷菜单中的"合并单元格"命令或"表格工具/布局"选项卡→"合并"组中"合并单元格"按钮。如果选定一个单元格，使用上述方法，可以拆分单元格。

2. 插入单元格

选择要插入单元格的位置后右击，选择快捷菜单中的"插入"→"插入单元格"命令，打开对话框，如图 4-15 所示。

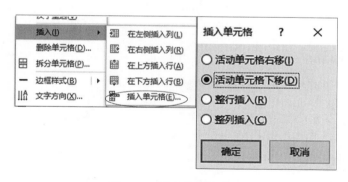

图 4-15　插入单元格选项

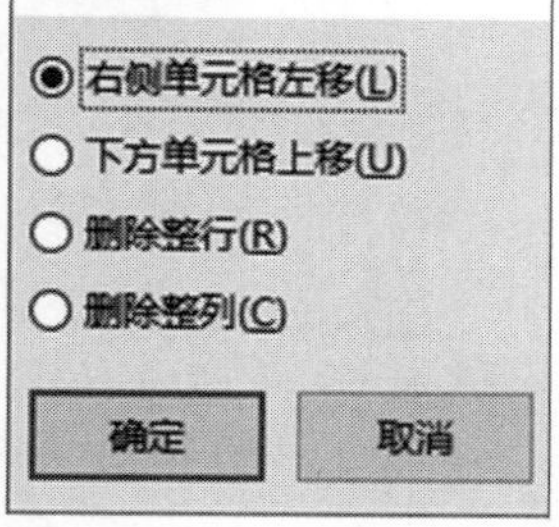

3. 删除单元格

选择要删除的单元格，右击使用快捷菜单或单击"表格工具/布局"选项卡→"删除"按钮→"删除单元格"命令，打开"删除单元格"对话框，如图 4-16 所示。

（十一）设置表格的格式

1. 改变表格中文本的对齐方式

表格中文本的对齐方式共有九种，设置方法为选择需要设置文本对齐方式的单元格，单击"表格工具/布局"选项卡，在"对齐方式"组中选择所需对齐方式，如图 4-17 所示。

图 4-16　"删除单元格"对话框

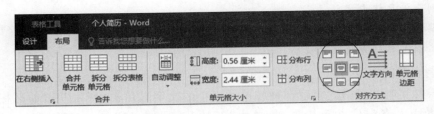

图 4-17　表格中文字的对齐方式

2. 设置表格边框

选择需设置边框的表格或单元格,单击"表格工具/设计"选项卡,在"边框"组中即可对边框样式进行设置,选择"笔样式"下拉箭头中选择线型,在"笔画粗细"下拉箭头中选择磅数,在"笔颜色"下拉箭头中选择颜色,在"框线"下拉箭头中选择框线的类型,如图 4-18 所示。

图 4-18　在"设计"选项卡中设置边框

也可在"边框"组中单击右下方对话框启动器,在打开的"边框和底纹"对话框中,单击"边框"标签,在设置栏中选择"全部",在"样式"下拉列表框中选择一种线形,在"颜色"下拉列表框中选择一种"颜色"(也可以使用自动设置的颜色),在"宽度"下拉列表框中选择线条的宽度(默认为 0.5 磅),如图 4-19 所示。

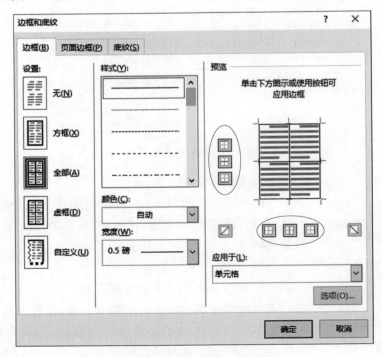

图 4-19　"边框和底纹"对话框

3. 取消表格中的部分边框

选择需要取消边框的单元格,打开"边框和底纹"对话框,在预览部分有用来详细设置边框格式的按钮,单击这些按钮,直到预览效果与目标效果一致,单击"确定"按钮后完成设置,如图4-19所示。

 **操作步骤**

(一)新建文档和设置页面格式

新建 Word 空白文档,纸张大小 A4,方向纵向,设置页边距,保存文档。

(二)录入标题和创建表格

1. 录入标题

在已设置页面的新建空白文档中录入标题:"个人简历",然后回车。

2. 创建表格

将光标定位要插入表格的位置,单击"插入"选项卡→"表格"按钮,鼠标拖动选择7列×4行插入表格(或单击"插入表格"命令),如图4-20所示。经编辑表格合并单元格后,将插入点移至表格最末单元格内,按【Tab】键可追加若干行。

图 4-20 选择表格的行列数

3. 在表格中录入文字

单击文字的插入点位置,输入表格所需文字,按【Tab】键使插入点依次移动到下一个单元格(也可使用鼠标单击),Word 自动在单元格中换行,同时增加单元格所在行的行高。

> **提示:**如果在单元格中输入的内容多于一行且不分段,按【Shift+Enter】插入点将另起一行,也称为软回车。

(三)编辑标题和表格

1. 设置标题格式

选定标题文字,设定格式为"黑体""小二号""居中"。

2. 设置表格内字体格式

选中整个表格,其表格内文字字体的大小设置为"宋体""小四号"(或五号),可根据实际情况自行设置。

3. 调整表格的行高和列宽

(1)调整表格的行高

选定整个表格,单击"表格工具/布局"选项卡,在"单元格大小"组中设置"高度"为"1.5厘米",单击"确定"按钮,如图4-21所示。

图 4-21　设置表格行高

或者选定整个表格后右击,选择"表格属性"命令,打开"表格属性"对话框。单击"行"标签,勾选"指定高度"复选框,在数值框中输入"1.5厘米"后单击"确定"按钮,如图4-22所示。

(2)调整列宽

选定第一列,在图4-21"宽度"中设置为"1.6厘米"。或者在"表格属性"对话框中单击"列"标签,单击"后一列"按钮,指定第二列的宽度为"2.5厘米",重复此步骤,第三列至第七列的宽度分别"1.6厘米"、"1.6厘米"、"1.6厘米"、"2.5厘米"和"3厘米",调整完成后,单击"确定"按钮,如图4-23所示。

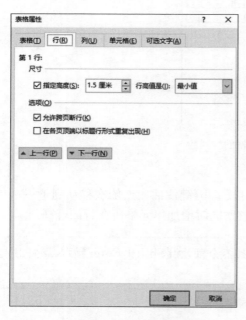

图 4-22　"表格属性"对话框设置表格行高

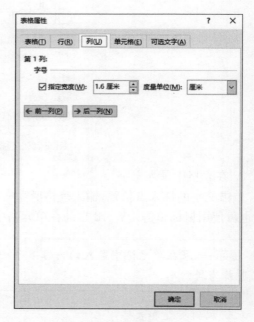

图 4-23　设置表格列宽

（四）对单元格操作

1. 合并单元格

按照图 4-1 所示表格布局选择所需合并项，单击"表格工具/布局"选项卡，选择"合并"组中"合并单元格"按钮。或右击，在弹出的快捷菜单中选择"合并单元格"命令项。

2. 设置单元格中文本的对齐方式

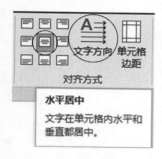

图 4-24　设置表格列宽

（1）将表格内所有文本对齐方式设置为"水平居中"，方法为选择整个表格，单击"表格工具/布局"选项卡，在"对齐方式"组中选择"水平居中"，如图 4-24 所示。

（2）选择文字"照片"和"个人简历"，单击图 4-24 中"文字方向"按钮，将文字方向更改为纵向。

3. 为表格添加边框

选中整个表格，单击"表格工具/设计"选项卡→"边框"组中"边框"按钮→"边框和底纹"命令，打开"边框和底纹"对话框，如图 4-25 所示。单击"边框"标签，在"设置"栏中选择"虚框"，在"样式"下拉列表框中选择图中所示线形，在"颜色"下拉列表框中选择"自动"，在宽度下拉列表框中选择线条的宽度（默认为 0.5 磅），单击"确定"按钮，即可将表格边框设置为"外双内单"的样式。

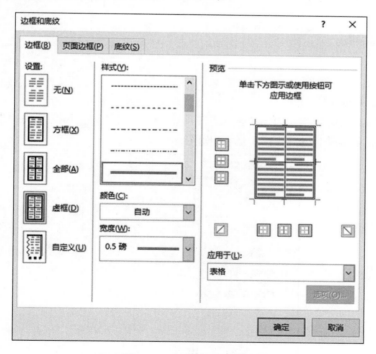

图 4-25　表格边框的设置

4. 添加表格的底纹

选择"照片"单元格，单击"表格工具/设计"选项卡→"表格样式"组的"底纹"按钮→选择"白色，背景 1，深色 15%"，如图 4-26 所示。（也可在"边框和底纹"对话框的"底纹"标签中进行设置）

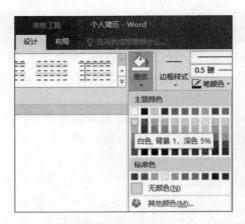

图 4-26　设置单元格的底纹

5. 独立单元格大小的调整

"个人简历"单元格宽度和上下单元格不一致,若需单独调整,需将鼠标放在该单元格内左侧边界,待鼠标变为"短箭头"样式时单击选择该单元格,将鼠标放在单元格右边框上拖动调整。

6. 保存表格

在完成所有工作后保存文档即可。

知识拓展

(一)文本和表格的转换

1. 将文本转换为表格

选择要转换为表格的文本,单击"插入"选项卡→"表格"按钮下拉箭头→"文本转换成表格"命令,打开"将文字转换成表格"对话框,如图 4-27 所示。

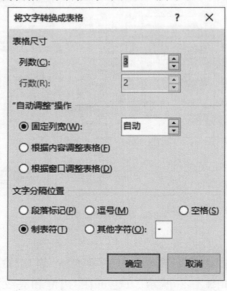

图 4-27　"将文字转换成表格"对话框

为了让程序能更好地识别转换表格所需的列数,往往在文本中加入一些符号来作为标识,如图 4-28 所示,在进行转换时需要在"文字分隔位置"栏中选择相应标记符号,"列数栏"中的数字会根据实际情况自动调整,单击"确定"按钮可完成转换。

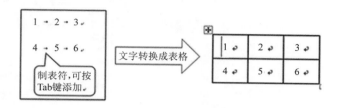

图 4-28　设置标记符号

2. 将表格转换成文本

选择需要转换成文本的表格,单击"表格工具/布局"选项卡→"数据"组中"转换为文本"命令,选择对应的"文字分隔符"后即可完成转换,如图 4-29 所示。

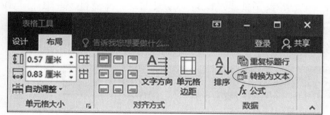

图 4-29　表格转换成文本

(二)使用表格虚框

在 Word 文档中,所有表格都默认为有 0.5 磅的黑色边框。在插入表格后,有时需要将表格设置为无边框,但又想在编辑的时候看到表格的所在位置,可用"查看网格线"来实现查看表格虚框。方法为将光标定位在需要操作的表格中,单击"表格工具/布局"选项卡→"表"组中"查看网格线"按钮,如图 4-30 所示。(或"表格工具/设计"→"表格样式"→"边框"→"查看网格线"命令,如图 4-31 所示。)

图 4-30　查看网格线(1)

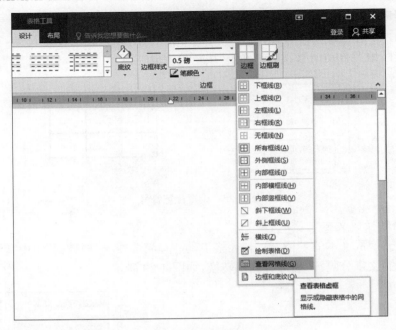

图 4-31 查看网格线(2)

(三)自动套用格式

将光标定位在表格的单元格中,单击"表格工具/设计"选项卡→"表格样式"组中下拉列表框,可显示出多种内置的表格样式,单击图中右下角箭头,将出现更多样式,并可以根据需要修改、清除、新建表格样式,如图 4-32 所示。选择其中一个即可将该样式套用在所选表格上。

图 4-32 表格格式

(四)表格中数据的计算

Word 2016 中提供了在表格中可以快速地进行数值的加、减、乘、除及平均值等数值计算的功能。

1. 利用简单的函数计算

例如要计算图 4-33 中"王大为"的总分,可将光标定位在总分列的第一个单元格中,单击"表格工具/布局"选项卡→"数据"组中 **fx 公式** 按钮,打开"公式"对话框,如图 4-34 所示。

姓　名	语文	数学	总分
王大为	78	82	
张　敏	85	84	
吴小惠	80	87	
小计			

图 4-33 表格的计算

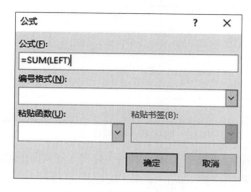

图 4-34　"公式"对话框 1

"=SUM(LEFT)"的含义是计算所选单元格左侧所有数据的和,SUM 表示功能为"求和",LEFT 表示计算对象为左侧单元格中数据,单击"确定"按钮,结果如图 4-35 所示。

姓　　名	语文	数学	总分
王大为	78	82	160
张　敏	85	84	
吴小惠	80	87	
小计	243	253	

图 4-35　表格的计算结果

若计算语文成绩的"小计",则需将光标定位在"小计"右边的单元格内,打开公式对话框,公式框中将显示"=SUM(ABOVE)",含义是计算所选单元格上方所有数据的和,SUM 表示功能为"求和",ABOVE 表示计算对象为上方单元格中数据,单击"确定"按钮后得到"小计"结果,如图 4-35 所示。

正确设置好公式中用于表明"功能"和"对象"的参数,才能得到需求的结果。

使用"粘贴函数"下拉列表选项,可以完成求和(SUM)、求平均(AVERAGE)、求最大值(MAX)和最小值(MIN)等多种运算。

表格的最终结算结果如图 4-36 所示。

姓　　名	语文	数学	总分
王大为	78	82	160
张　敏	85	84	169
吴小惠	80	87	167
小计	243	253	496

图 4-36　表格各项分数的计算

2. 输入公式进行计算

利用公式对图 4-37 表格中的总评成绩进行计算。

总评成绩=(平时成绩)×15%+(实训成绩)×15%+(期末成绩)×70%

姓　名	平时成绩	实训成绩	期末成绩	总评成绩
赵　前	88	86	90	89
杨　洋	68	76	82	79
刘　丽	60	70	40	
李　文	78	69	79	

图 4-37　总评计算

将光标定位在总评成绩列的第一个单元格中,打开"公式"对话框,输入公式(图 4-38),设定"编号格式"确定计算结果的格式,单击"确定"按钮即可得到结果。

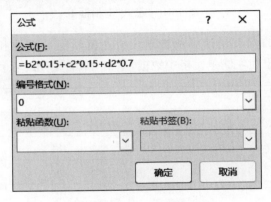

图 4-38　"公式"对话框 2

(五)表格的排序

要求:将图 4-37 表格的总评成绩按降序排列,方法如下:

1. 将光标定位在总分列的某一单元格中,单击"表格工具/布局"选项卡→"数据"组中"排序"按钮,打开"排序"对话框,如图 4-39 所示。

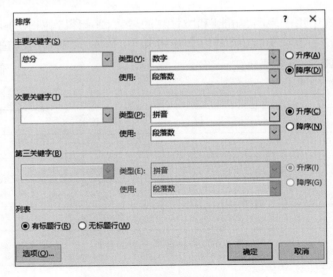

图 4-39　"排序"对话框

2. 在图 4-39 中"主要关键字"选择"总分",在类型中选择"数字",并选择"降序"复选框,在"列表"中选择"有标题行",其结果如图 4-40 所示。

姓　　名	平时成绩	实训成绩	期末成绩	总评成绩
赵　前	88	86	90	89
杨　洋	68	76	82	79
李　文	78	69	79	77
刘　丽	60	70	40	48

图 4-40　表格中排序的结果

项目五　绘制奥运宣传画

 项目描述

　　一篇设计精美的文档，往往不仅仅是文字的编排，还需要添加图形、图片等来丰富文档内容，Word 2016 提供了插入图形、图片、艺术字等美化元素的功能。本项目将利用这些功能制作如图 5-1 所示宣传画。

图 5-1　奥运宣传画

 **项目目标**

学习目标：

1. 了解奥运五环颜色及代表的含义。
2. 掌握使用"绘图工具"格式的使用。
3. 掌握使用形状的编辑方法。
4. 学会艺术字的编辑。
5. 掌握图片的插入与编辑。

6.学会页面背景及页面边框的制作。

能力目标：

1.能够熟练插入并编辑形状。

2.能够设置图片格式。

3.能够使用艺术字。

素质目标：

1.提高美学素养。

2.分享更快、更高、更强、更团结的奥运精神。

3.增强探索创新意识。

 知识储备

（一）"形状"的使用

1.插入"形状"

单击"插入"选项卡→"插图"组中"形状"按钮，在打开的下拉列表中选择需要的形状，在文档工作区拖动鼠标即可绘制形状，如图5-2所示。

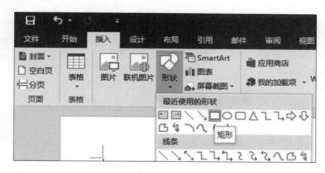

图5-2 插入"形状"

2.编辑"形状"

插入的形状可利用其图形边框上的控制柄来调整"外形"，如图5-3所示。

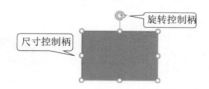

图5-3 "形状"的控制柄

3.移动"形状"

当鼠标放置在形状上变为✛时，拖动鼠标即可移动形状的位置。

4.更改"形状"

若插入形状后发现不符合需要，可选择形状后，单击"绘图工具/格式"选项卡→"插入形状"组中"编辑形状"按钮→"更改形状"命令，在弹出的列表框中选择需要的形状即可，如图5-4所示。

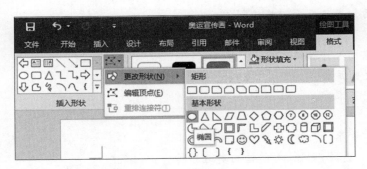

图 5-4　更改形状

5. 使用"编辑顶点"修改"形状"

若对系统提供的形状不满意,还可以依据用户意愿进行自定义修改。选择形状后,单击"绘图工具/格式"选项卡→"插入形状"组中"编辑形状"按钮→"编辑顶点"命令,"形状"会出现黑色"顶点",单击顶点,会出现操作手柄。鼠标拖动可以改变顶点的方向和长度,从而改变"形状"。按住【Alt】键同时拖动手柄,可单方向调节手柄,如图 5-5 所示。

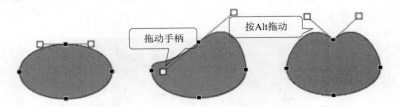

图 5-5　使用"编辑定点"修改形状

6. 删除形状

选择形状后按【Backspace】或【Delete】键即可删除。

7. 在形状中添加文字

选择形状后右击,在弹出的下拉菜单中选择"添加文字"命令,形状上会出现文字插入点,即可输入文字,如图 5-6 所示。

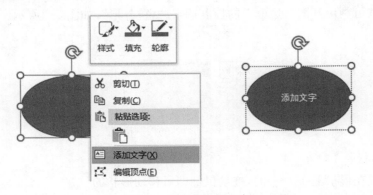

图 5-6　为形状添加文字

8. 修改形状样式

对于插入的形状,用户还可根据需要自行设置填充颜色、轮廓颜色和效果。

（1）应用形状样式：Word 2016 提供了一些预设好的样式供用户直接选择使用，方法为选择形状后单击"绘图工具/格式"选项卡→"形状样式组"中"其他"按钮，在弹出的样式列表中单击选择即可，如图 5-7 所示。

图 5-7　应用预设"形状样式"

（2）设置形状填充颜色

选择形状后单击"绘图工具/格式"选项卡→"形状样式组"中"形状填充"按钮，可使用颜色、图片、渐变、纹理四种方式来进行填充颜色的设置。

（3）设置形状轮廓

选择形状后单击"绘图工具/格式"选项卡→"形状样式组"中"形状轮廓"按钮，可设置形状轮廓的颜色、粗细、虚线、箭头等属性。

（4）设置形状效果

选择形状后单击"绘图工具/格式"选项卡→"形状样式组"中"形状效果"按钮，可为形状设置阴影、映像、发光、柔化边缘、棱台和三维旋转等效果。

（二）"图片"的使用

1. 插入图片

（1）插入本机保存的图片

将插入点定位在需要插入图片的位置，单击"插入"选项卡→"插图"组中"图片"按钮，打开"插入图片"对话框，在"地址栏"或"导航窗格"中选择图片的保存位置，单击"插入"按钮即可。

（2）插入联机图片

将插入点定位在需要插入图片的位置，在网络连通的状态下，单击"插入"选项卡→"插图"组中"联机图片"按钮，打开"联机图片"窗格，在"bing"搜索框中输入所需图片的关键词，单击 按钮或按【Enter】键，将在窗格中显示符合条件的图像，选中图片后，单击"插入"按钮即可，如图 5-8 所示。

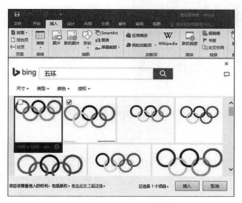

图 5-8　插入"联机图片"

（3）插入屏幕截图

将插入点定位在需要插入图片的位置，单击"插入"选项卡→"插图"组中"屏幕截图"按钮，在打开的"可用的视窗"列表中选择需要的窗口即可将该窗口截图插入文档（注意：打开的窗口在桌面显示，没有被最小化才会出现在"可用的窗口"列表中）；单击"屏幕剪辑"可以截取桌面区域作为图片插入文档，如图 5-9 所示。

图 5-9　插入屏幕截图

2. 删除图片背景

有时图片只需要留下主体部分而把背景去掉，可以使用"删除背景"功能。选择需要删除背景的图片，单击"图片工具/格式"选项卡→"调整"组中"删除背景"按钮，图中将要被删除的部分会被紫色覆盖，同时系统自动打开"背景消除"选项卡，用户可使用选项卡中"标记要保留的区域"按钮、"标记要删除的区域"按钮和"删除标记"按钮来调整删除区域，调整完成后单击"保留更改"按钮即可将背景删除，如图 5-10 所示。

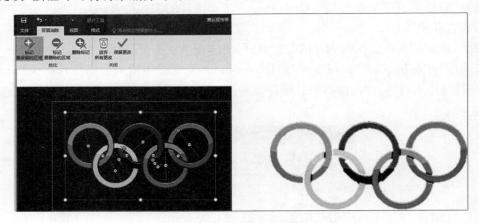

图 5-10　删除图片背景

3. 调整图片显示效果

Word 2016 可以对插入的图片进行锐化/柔化、亮度/对比度、颜色饱和度、色调、着色等显示效果进行调整。单击"图片工具/格式"选项卡→"调整"组中"更正"按钮和"颜色"按钮，即可对图片显示效果进行修改，如图 5-11 所示。

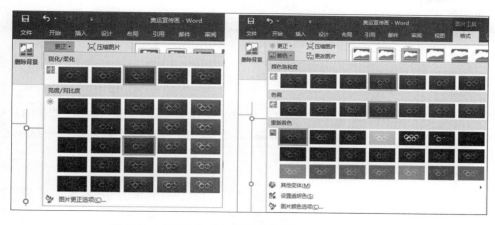

图 5-11 使用"更正"和"颜色"按钮调整图片显示效果

图 5-12 图片更正选项

单击"更正"按钮下的"图片更正选项"按钮还可以打开"设置图片格式"窗格,在其中的"图片"标签中进行更细化的设置,如图 5-12 所示。

4. 图片的艺术处理

Word 2016 也可以为图片设置"塑封"、"玻璃"和"虚化"等以往在专业图像处理软件才能完成的特殊效果。单击"图片工具/格式"选项卡→"调整"组中"艺术效果"按钮即可选择所需特效,单击"艺术效果选项"还可以打开"设置图片窗格"进行更详细的参数设置,如图 5-13 所示。

5. 更改图片

若图片经过设置和修改后,需要保留修改效果而只是更改图片内容,可使用"更改图片"功能。选择图片后单击"图片工具/格式"选项卡→"调整"组中"更改图片"按钮即可。

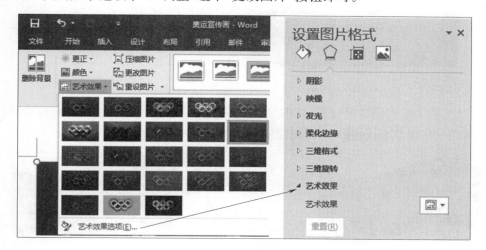

图 5-13 设置图片"艺术效果"

6. 重设图片

若需要将图片恢复到初始插入状态,可使用"重设图片"功能。单击"图片工具/格式"选项卡→"调整"组中"重设图片"按钮即可。

7. 设置图片样式

(1)应用图片样式

Word 2016 为方便用户美化图片的需要,提供一些预设样式供用户选择。选择图片后,单击"图片工具/格式"选项卡→"图片样式"组中"其他"按钮,打开样式列表即可选择一种样式应用。

(2)设置"图片边框"和"图片效果"

图片边框和图片效果的设置和形状的轮廓和效果大致相同,单击"图片工具/格式"选项卡→"图片样式"组中"图片边框"和"图片效果"按钮即可,此处不再赘述。

8. 裁剪图片

若图片的某些区域不再需要,可使用"裁剪"功能。选择图片后单击"图片工具/格式"选项卡→"大小"组中"裁剪"按钮,可选择以下几种方式进行裁剪。

(1)裁剪

该命令为常规裁剪方式,使用后图片四周出现裁剪框,鼠标拖动四周控制柄即可调整图片保留区域,在空白处单击或按【Enter】键完成裁剪。

(2)裁剪为形状

该命令可将图片裁剪为指定形状,选择形状后,图片即可被裁剪为所选形状,如图 5-14 所示。

图 5-14　将图片裁剪为形状

直接裁剪的效果可能需要调整,单击"裁剪"按钮中的"填充"或"调整"命令,可对裁剪效果进行调整,在空白处单击或按【Enter】键完成裁剪,如图 5-15 所示。

图 5-15　调整裁剪效果

（3）按比例裁剪

在"纵横比"列表中选择相应的比例，即可按照选择的比例进行裁剪。

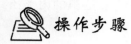 操作步骤

（一）新建空白文档并保存

将文件保存在 D 盘中的"高职信息技术"文件夹中，名称为"奥运宣传画"。

（二）页面设置

1. 设置页面

单击"布局"选项卡→"页面设置"组右下角的对话框启动器，打开"页面设置"对话框，设置纸张方向"横向"，上下左右边距为 2 厘米，纸张大小"A4"。

2. 设置页面背景

（1）单击"设计"选项卡→"页面背景"组中"页面颜色"按钮，设置页面填充的背景颜色。选择"填充效果"命令，还可以使用渐变、纹理、图案和图片作为页面背景。

（2）单击"设计"选项卡→"页面背景"组中"页面边框"按钮，打开"边框和底纹"对话框，设置页面边框，如图 5-16 所示。

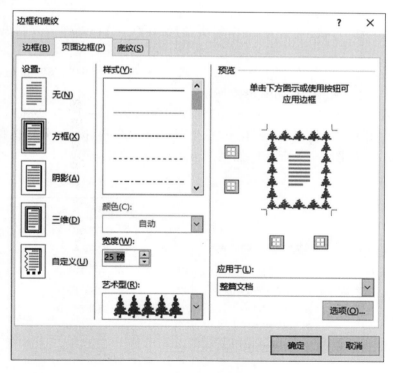

图 5-16 设置"页面边框"

（三）使用"形状"绘制"奥运五环"

1. 使用"形状"按钮

（1）单击"插入"选项卡→"插图"组中"形状"按钮，从"基本形状"中找到"空心弧"并单击，如图 5-17 所示。

（2）将鼠标定位到插入点，按住【Shift】键的同时拖动鼠标，当"空心弧"到适当大小时放开鼠标。

（3）选中"空心弧"，鼠标放在黄色编辑点上，拖动鼠标沿着水平方向调整空心弧的内半径大小至所需尺寸，完成绘制，如图 5-18 所示。

图 5-17　形状按钮

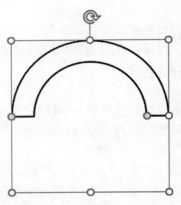

图 5-18　绘制的"空心弧"图形

2. 绘制完整的圆环

（1）单击"空心弧"形状，鼠标为"四向箭头"时按住【Ctrl】拖动即可复制出另一个"空心弧"。

（2）选中"空心弧"，单击"绘图工具/格式"选项卡→"排列"组中"旋转"按钮，选择"垂直翻转"命令，使两个"空心弧"相对，如图 5-19 所示。

（3）单击第一个"空心弧"，按住【Shift】键同时单击另外一个"空心弧"，选中两个"空心弧"，单击"绘图工具—格式"选项卡→"排列"组中的"对齐"按钮，分别选择"顶端对齐"和"左对齐"命令，如图 5-20 所示。然后单击"组合"按钮，使两个"空心弧"组成一个圆环。

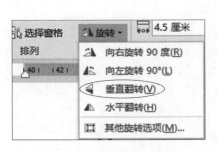

图 5-19　设置图形的旋转

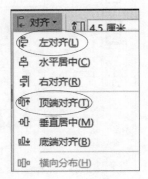

图 5-20　"对齐"命令

（4）设置"圆弧"的尺寸大小

选中"圆环"，在"绘图工具/格式"选项卡→"大小"组中输入合适的高度与宽度。

也可以选中圆环后右击，在快捷菜单中选择"其他布局选项…"命令，打开"布局"对话框，如图 5-21 所示。

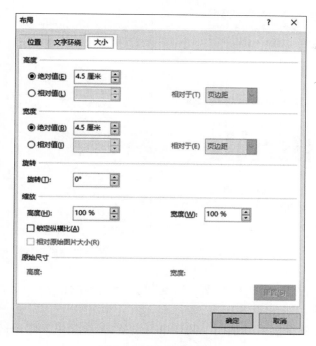

图 5-21　"布局"对话框

在"布局"对话框中,选择"大小"标签,输入合适的"高度"和"宽度"尺寸(或在"缩放"中输入合适的比例),如果选择"相对值",就需选定"锁定纵横比"复选框,单击"确定"按钮,完成图形的大小设置。

3. 绘制五环

(1)将圆环复制两次,得到三个圆环,调整为一排,并调整三个圆环之间的距离。

(2)选中三个圆环,单击"绘图工具"选项卡→"排列"组中"对齐"按钮,分别选择"顶端对齐"和"横向分布"两个命令,调整三个圆环横向位置。

(3)选中其中两个圆环复制一次,得到第二排的两个圆环,调整好位置关系,形成奥运五环,如图 5-22 所示。

图 5-22　奥运五环

4. 设定五环的颜色和线条

使用"绘图工具"选项卡。选中左边的圆环,单击"绘图工具"选项卡→"形状样式"组中"形状填充"下拉箭头,选择"蓝色",如图 5-23 所示。

也可利用"设置形状格式"窗格。选中圆环,右击,在弹出的快捷菜单中选择"设置对象格式"命令,打开"设置形状格式"窗口,如图 5-24 所示。

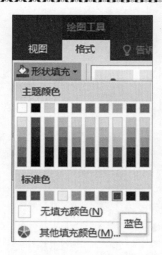

图 5-23　设置形状的填充色　　　　　图 5-24　"设置形状格式"窗口

　　选择"填充"标签,在颜色中选择"蓝色",在"线条颜色"中保持不变,单击"确定"按钮,完成一个圆环的设置。

　　按照上述操作步骤分别对其他四个圆环进行设置,最终颜色如图 5-25 所示。

图 5-25　设置形状的颜色与线条

5. 设置五环的旋转角度

　　(1)选中蓝色圆环后右击,在弹出的快捷菜单中选择"其他布局选项"命令,打开"布局"对话框。

　　(2)选择"大小"标签,在"尺寸和旋转"的"旋转"中输入"45°",单击"确定"按钮,完成蓝色圆环角度的设置,如图 5-26 所示。

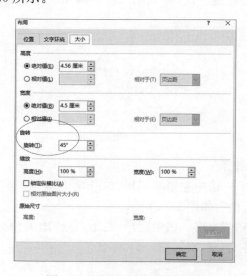

图 5-26　设置五环的旋转角度

（3）绿色圆环按照上述操作进行设置，旋转角度为45°。

（4）红色和黄色圆环的旋转角度为135°。

（5）黑色的旋转角度为90°，最终结果如图5-27所示。

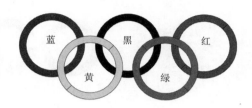

图5-27　五环旋转角度的设置效果

6. 设置五个圆环的叠放次序

奥运五环的每一环都是与另一环相扣的，这就是层叠问题，需要将每个圆环的层次设置好。方法如下：

（1）选中黄色圆环后右击，在弹出的快捷菜单中选择"组合"→"取消组合"命令，使每个半圆环单独成为一个对象，如图5-28所示。

（2）选中黄色上方半环，单击"绘图工具/格式"选项卡→"排列"组中"下移一层"按钮，（或右击，在弹出的快捷菜单中选择"置于底层"子菜单下的"下移一层"命令），如图5-29所示。

（3）依次选中相叠放的半环，调整圆环之间的叠放次序设置，最终效果如图5-30所示。

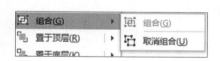

图5-28　取消组合

图5-29　设置五环的叠放次序

图5-30　五环叠放次序的效果图

7. 改变五环的线条颜色

分别选择对应圆环，单击"绘图工具/格式"选项卡→"形状样式"组中"形状轮廓"按钮，将轮廓颜色设置为和填充颜色相一致。

8. 组合

（1）单击"绘图工具格式"选项卡→"排列"组中"选择窗格"按钮，在打开的窗口中按【Ctrl】键逐个选取全部"空心弧"，如图5-31所示。

（2）将所选"空心弧"组合，如图5-32所示。

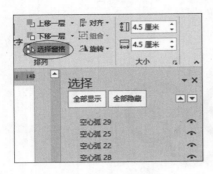

图 5-31　选择窗格

图 5-32　五环的组合效果图

9. 绘制"旗帜"

为了衬托出奥运五环的效果,绘制一面旗帜来与奥运五环进行配合。

(1)将鼠标定位在与奥运五环相应的位置,插入形状"波形",拖动黄色编辑点,调整波形曲度。完成波形形状的"形状填充""形状轮廓"的设置时,可以根据自己的喜好,设计渐变颜色、透明度、边框颜色及边框类型等。

(2)将波形旗帜与奥运五环进行叠放次序的调整并组合。

(四)插入奥运五环的标题艺术字

1. 插入艺术字

(1)将插入点定位到需要插入艺术字的位置,单击"插入"选项卡→"文本"组中"艺术字"按钮,出现艺术字外观样式字库窗口,如图 5-33 所示。

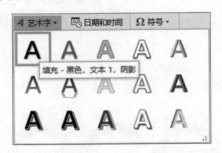

图 5-33　艺术字外观样式字库

(2)在艺术字外观样式字库中选择一种"艺术字"样式后,出现如图 5-34 所示文本框。在文本框中输入"Olympics",如图 5-35 所示。

图 5-34　编辑"艺术字"文字

图 5-35　输入"Olympics"后效果

2. 修改艺术字内容

如果觉得选定的艺术字内容不是十分理想,可以对艺术字内容进行修改。在需要修改的艺术字上双击,插入点激活后,即可更改文字内容。

3. 设置艺术字效果

(1) 修改"艺术字"外观样式

选择已插入的艺术字,单击"绘图工具"选项卡→"艺术字样式"组中下拉按钮,选择"填充-蓝色,着色1,轮廓-背景1,清晰阴影-着色1"的艺术字外观效果,如图5-36所示。

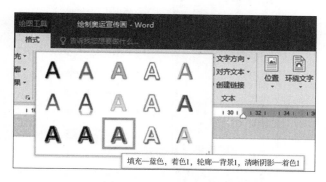

图 5-36　艺术字样式组

(2) 设置艺术字文本填充

选择艺术字文字,单击"绘图工具"选项卡→"艺术字样式"组中"文本填充"按钮,出现图 5-37所示界面。单击"渐变"→"其他渐变",打开"设置形状格式"窗格,选择"渐变填充"复选框,根据需求设置各项参数。

"预设渐变"中的"预设颜色"也是可以更改的,单击选择"渐变光圈"上的"停止点",在下方"颜色"处进行修改即可,如图5-38所示。

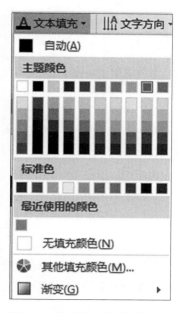

图 5-37　设置艺术字"文本填充"

图 5-38　修改"渐变光圈"

(3)设置艺术字的转换效果

选择艺术字，单击"绘图工具"选项卡→"艺术字样式"组中"文本效果"按钮→"转换"→"前近后远"的形状，如图 5-39 所示。

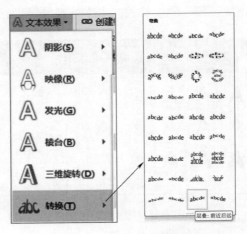

图 5-39　文本效果选项

(4)设置艺术字阴影效果

选择已插入的艺术字，单击"绘图工具"选项卡→"艺术字样式"组中"文本效果"按钮→"阴影"，如图 5-40 所示，选择一种阴影效果，完成艺术字阴影的设置。

图 5-40　阴影设置

4. 插入竖排艺术字

再次插入一个艺术字，输入艺术字文字内容"更快更高更强更团结"，单击"绘图工具"→"文字"组中"文字方向"按钮，选择"垂直"，将艺术字改为竖排方向，并设置艺术字效果。

提示：选择"阴影选项…"可以打开"设置形状格式"对话框，对各项参数进行设置。

（五）插入图片

1. 插入图片

将插入点设置在需要插入图片的位置,单击"插入"选项卡→"插图"组中"图片"按钮,打开"插入图片"对话框,选择要插入图片所在路径,找到需要的图片后单击"确定"按钮,完成图片插入。

2. 编辑图片

（1）调整图片的大小

选择图片后,在图片四周出现边框和 8 个圆形控制柄,鼠标拖动控制柄即可调整对应方向上的大小,调整至合适大小后松开鼠标即可。

（2）精确设置图片尺寸

选中图片,右击,在弹出的快捷菜单中选择"大小和位置"命令,打开"布局"对话框。在"大小"标签中的"高度"和"宽度"栏中可输入具体数值;也可在"缩放"中按比例缩放图片大小。勾选"锁定纵横比"复选框可保证图片长宽比不变。单击"确定"按钮后可完成设置,如图 5-41 所示。

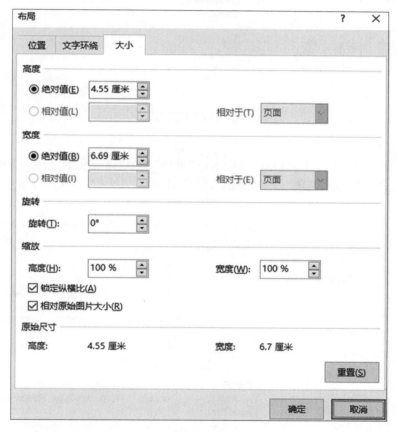

图 5-41　设置图片大小"布局"对话框

（3）设置文字与图片的环绕方式

在 Word 默认状态下,插入的图片都被设置为"嵌入型",它在段落格式上将被视作和一般文字一样,都占据固定的位置,不能够被随意移动。图片的位置可以通过以下两个方法改变:

①使用"位置"按钮

选择图片后,单击"绘图工具"→"排列"组中"位置"按钮,出现位置选项,根据需要选择合适的位置即可移动图片。选择"其他布局选项"命令,弹出"布局"对话框,可以在"位置"标签中进行更多设置,如图 5-42 所示。

图 5-42　使用"位置"按钮

②使用"环绕文字"按钮

选择图片后,单击"图片工具格式"选项卡→"排列"组中"环绕文字"按钮,选择需要的方式即可。也可单击"其他布局选项"命令,弹出"布局"对话框,在"文字环绕"标签中进行设置,如图 5-43 所示。

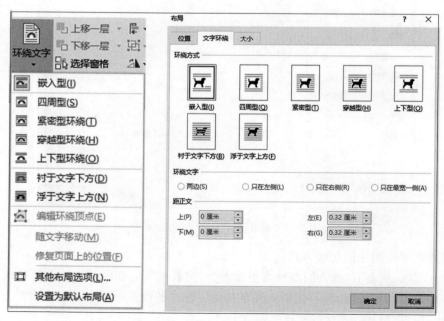

图 5-43　使用"环绕文字"按钮

（4）调整图片的亮度和对比度

右击图片，在弹出的快捷菜单中选择"设置图片格式"命令，打开"设置图片格式"窗格，单击"图片"标签，在"图片更正"选项中可改变图片的"亮度"和"对比度"，如图 5-44 所示。

图 5-44　调整图片亮度和对比度

（5）设置图片的边框

选择图片后，单击"图片工具格式"选项卡→"图片样式"组中"图片边框"按钮，可对图片边框的颜色、粗细、虚线等参数进行设置，如图 5-45 所示。

也可右击图片，打开"设置图片格式"窗格，在"线条"下进行各种参数的设置。

（6）应用图片样式

Word 2016 还提供了多种预定义图片样式，用户可直接选择需求样式来提高工作效率。选择图片后，单击"图片工具格式"选项卡→"图片样式"组中"图片样式"列表下拉按钮，即可打开所有预定义样式进行选择，如图 5-45 所示。

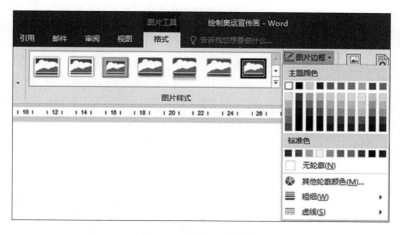

图 5-45　设置图片边框

知识拓展

（一）设置水印

有些文档出于版权的考虑需要添加水印。Word 2016 提供了添加水印的功能。

1. 使用内置水印

单击"设计"选项卡→"页面背景"组中"水印"按钮,在打开的列表中可选择"机密"、"紧急"和"免责声明"三种类型的水印,单击其中一种即可为文档添加相应水印效果,如图 5-46 所示。

图 5-46　使用内置水印

2. 自定义水印

若内置水印不符合需求,用户也可以自行设计水印效果。单击"设计"选项卡→"页面背景"组中"水印"按钮→"自定义水印…"命令,打开"水印"对话框,可以选择"图片水印"或"文字水印",如图 5-47 所示。

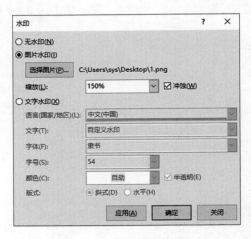

图 5-47　"水印"对话框

①图片水印

选中"图片水印"单选按钮,单击"选择图片"按钮,打开"插入图片"窗格,用户可以"从文件"、"必应图像搜索"和"OneDrive"三个途径获得图片,在"缩放"中设置图片水印的大小,取消"冲蚀"复选框可以让图片水印更清晰些。

②文字水印

选中"文字水印"单选按钮,在语言、文字、字体、字号、颜色、版式各个选项中设置好参数后,单击"确定"按钮,即可将水印应用于文档中,如图 5-48 所示。

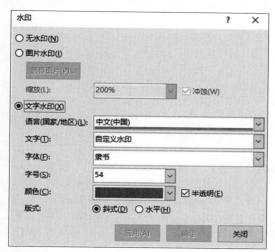

图 5-48　文字水印

若需增加水印数量,可双击页眉或页脚位置进入编辑状态,按住【Ctrl】键同时鼠标拖动水印文字,即可增加水印并可以进行大小或旋转角度等方面的修改,如图 5-49 所示。

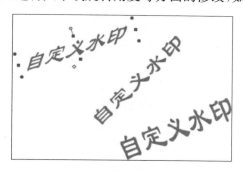

图 5-49　增加或修改水印

3. 删除水印

单击"设计"选项卡→"页面背景"组中"水印"按钮→"删除水印"命令,即可将水印删除(若无法删除则可以进入页眉或页脚编辑状态选择水印手动删除)。

(二)隐藏段落标记

制作宣传画时,为了画面完整,效果美观,可以在完成作品后,关闭段落标记。操作方法为:单击"文件"→"选项"→"显示",勾掉段落标记复选框,单击"确定"按钮,如图 5-50 所示。

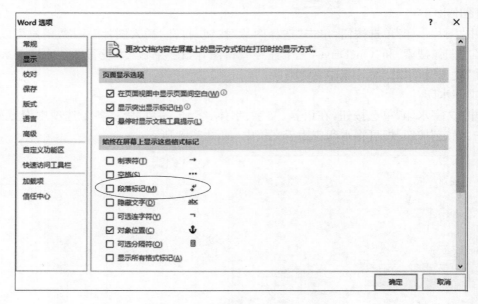

图 5-50　"选项"—"显示"设置

项目六　制作试卷

 **项目描述**

在学习了 Word 文本编辑、表格使用、图形的功能后，可以将这些功能综合使用来编辑图、文、表混合的文档。本项目将以"试卷"的排版制作为例讲解图、文、表混排的使用方法和技巧，最终完成如图 6-1 所示的试卷。

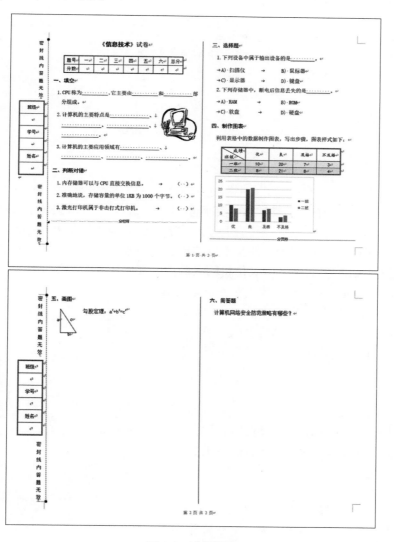

图 6-1　试卷样张

项目目标

学习目标：

1．了解制表位的功能。

2．掌握在 Word 中插入图表的功能。

3．了解样式的使用。

能力目标：

1．能够根据实际情况，使用不同类型的制表位。

2．能够使用图表功能完成排版。

3．能够使用样式，提高排版效率。

4．能够根据实际需求，掌握 Word 中的图、文、表混排的技巧。

素质目标：

1．从整体、大局出发的工作观念和方法。

2．与时俱进，勇于创新，用新技术新方法解决老问题。

3．精益求精的工作态度。

知识储备

（一）制表位

1．制表位

指水平标尺上的位置，它指定了文字缩进的距离或一栏文字开始的位置，使用户能够进行对齐操作。用户可以在制表符前自动插入特定字符，如下划线等。Word 提供了五种制表位类型：

（1）左对齐制表位 ⊾：在左对齐制表上输入的字符以该位置为左边界对齐。

（2）居中制表位 ⊥：居中制表位使文本以该位置为中心排列。

（3）右对齐制表位 ⌐：右对齐制表位将输入的内容都放在其左边。

（4）小数点对齐制表位 ⌐：小数点对齐制表位是使数值的小数点与此制表位纵向对齐。

（5）竖线对齐制表位 |：竖线制表位并不是实际的制表位，它们可以像制表位一样创建一条美观的垂直细线。

2．设置制表位

（1）使用对话框设置制表位

制表位属于段落格式，打开"段落"对话框，单击"制表位"按钮，可以在"制表位"对话框中设置制表位，如图 6-2 所示。

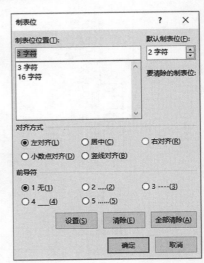

图 6-2　制表位对话框

在"制表位位置"框中输入数字，并在"对齐方式"区域的选项中做选择，最后单击"设置"按钮，重复以上操作即可设置多个制表位。若要清除制表位，则需在对话框的"制表位位置"列表框中，选择待清除的制表位，单击"清除"按钮，若单击"全部清除"

按钮,则清除已有的全部制表位。

（2）使用标尺设置制表位

在页面视图或草稿视图下,单击水平标尺左方的制表符标记,可在五种对齐方式中循环切换,选定某种方式在标尺的所需位置单击即可,多次单击即可设定多个制表位。以上设置完成后,即可录入正文,按【Tab】键切换到下一制表位。在水平标尺上,用鼠标左右拖动制表位标记,即可移动该制表位;要清除制表位,只需用鼠标将其拖离水平标尺即可。

（二）分页符和分节符

1. 分页符

（1）分页符

分页符是分页的一种符号,可以在指定位置强制分页,它处于上一页结束以及下一页开始的位置。

（2）插入分页符

当文字或图形填满一页时,会插入"自动"分页符(或软分页符)。"自动"分页符在草稿视图下的显示效果为一条虚线,此分页符不能被删除。

若需要在指定位置强制分页并开始新的一页可以通过插入"手动"分页符(或硬分页符)来实现。将插入点置于需要分页的位置,单击"布局"选项卡→"页面设置"组中"分隔符"→"分页符"按钮(或按【Ctrl＋Enter】组合键)。在页面视图或草稿视图下手动分页符显示效果为"——————分页符——————"。选择此分页符后按【Delete】键可以删除手动分页符。

2. 分节符

（1）节

文档的一部分,用户可以利用分节功能为同一文档设置不同的页面格式。例如将各个段

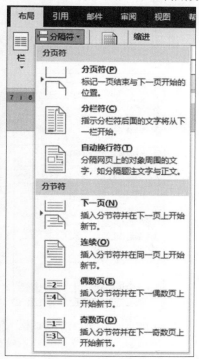

图 6-3　插入分隔符

落按照不同的栏数进行设置,或者将各个页面按照不同的纸张方向进行设置等。节是为适应独特的格式需要而产生的。

（2）分节符

分节符是为表示节的结尾插入的标记。分节符包含节的格式设置元素,如页边距、页面的方向、页眉和页脚,以及页码的顺序等。

（3）插入分节符

将插入点置于需要插入分节符的位置,单击"布局"选项卡→"页面设置"组中"分隔符"按钮→"分节符"列表中的分节符类型,如图 6-3 所示。

"下一页":插入一个分节符,新节从下一页开始。

"连续":插入一个分节符,新节从同一页开始。

"奇数页"或"偶数页":插入一个分节符,新节从下一个奇数页或偶数页开始。

（4）删除分节符

在页面视图或草稿视图下"下一页"分节符显示效果为"——————分节符(下一页)——————"(双虚线),选择要删除的分节符,按【Delete】键可以删除分

节符,其他类型分节符删除方法相同。删除分节符的同时也删除了节中文本的格式,文本成为下面节的一部分,并采用该节的格式设置。

3. 显示/隐藏分隔符

若在页面视图看不到分页符或分隔符,单击"开始"选项卡→"段落"组中"显示/隐藏编辑标记"按钮,快捷键为【Ctrl+ *】(主键盘的 *)。单击"文件"→"选项"命令,在"Word 选项"对话框中"显示"项进行设置,如图 6-4 所示。

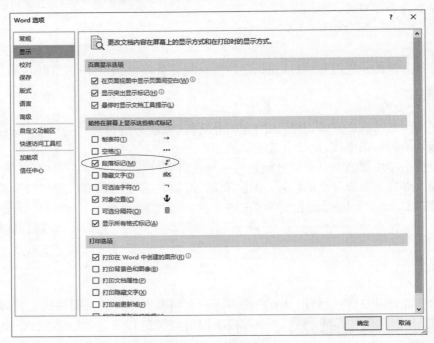

图 6-4　设置显示分隔符

(三)插入页码

在使用文档时,用户往往需要标明页码,以便查看与显示文档的页数。在 Word 中可以将页码插入到"页面顶端"、"页面底端"、"页边距"和"当前位置"这四种文档中的不同位置。

1. 插入页码

单击"插入"选项卡→"页眉和页脚"组中"页码"按钮,在打开的列表中选择需要的位置即可插入页码。

2. 设置页码格式

插入页码之后,用户可以根据文档内容、格式、布局等因素设置页码的格式。在"页码"下拉列表中选择"设置页码格式"命令,打开"页码格式"对话框,可以设置编号格式、包含章节号与页码编号,如图 6-5 所示。

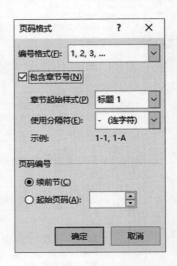

图 6-5　"页码格式"对话框

编号格式:单击"编号格式"下三角按钮,在列表中选择样式即可。"编号格式"列表主要包括数字、字母、英文数字与汉字数字等类型的序号。

包含章节号：勾选"包含章节号"复选框可使其选项组变成可用状态。单击"章节起始样式"下三角按钮，可在列表中选择标题1～9中的样式；单击"使用分隔符"下三角按钮，在列表中选择一种分隔符样式即可。

页码编号：选中"续前节"单选按钮，即当前页中的页码数值按照前页中的页码数值进行排列。选中"起始页码"单选按钮，即当前页中的页码以某个数值为基准进行单独排列。

插入的页码其实是一段域代码，按下【Alt＋F9】键，页码可转变为代码状态。

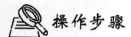 **操作步骤**

（一）整体设计

1. 页面设置

单击"布局"选项卡→"页面设置"组中对话框启动器，打开页面设置对话框，设置纸张方向"横向"；左边距3厘米；上边距、下边距、右边距均为2厘米；纸张大小为"A4"；页脚距边界为1厘米。

2. 分栏

整篇文档分成两栏，需设置"分隔线"。单击"布局"选项卡→"页面设置"组中"分栏"列表中的"更多分栏"命令，打开"分栏"对话框，"栏数"为2，勾选"分隔线"，栏"宽度"和"间距"使用默认值。

3. 录入"试卷"所需文字内容

（二）插入分隔符

1. 插入分页符

将插入点置于第五题前，单击"布局"选项卡→"页面设置"组中"分隔符"按钮→"分页符"命令，使第五题从第2页开始。选中分页符编辑标记后按【Delete】键可以删除分页符。

2. 插入分栏符

将插入点置于第三题前，插入"分栏符"（或按【Ctrl＋Shift＋Enter】组合键），第三题从下一栏开始；用同样的方法，第六题从下一栏开始。

3. 插入段内换行符

段内换行符的编辑标记为↓。将插入点置于需要的位置，单击"布局"选项卡→"页面设置"组中"分隔符"→"自动换行符"（或按【Shift＋Enter】组合键），这样可以在段中的指定位置换行。

（三）字符格式化

1. 字号

标题"《信息技术》试卷"的字号为"四号"，表格及文本框中文字的字号为"五号"，其余文字字号均为"小四号"。

2. 字体

试卷中用"宋体""楷体""黑体"三种字体，参照图6-1样张排版。

3. 下划线

填空部分"……"应用字体格式中的"下划线"实现。（组合键为【Ctrl＋U】）

4. 使用上标表示数学公式

选中需要设置上标的字符，按【Ctrl＋D】组合键，打开字体对话框，设置"上标"。或按

【Ctrl＋Shift＋ ＝(等号)】组合键,直接设置上标格式,也可以使用格式刷复制格式。

(四)设置样式

样式指一组事先定义好的格式,应用样式可以快速设置文档的格式。

单击"开始"选项卡→"样式"组对话框启动器,打开"样式"窗格,将试卷标题"一、填空"设置为样式。单击下方"新建样式"按钮▣,在打开的对话框中设置:名称为"标题样式";单击"格式"按钮,在"段落"选项卡中设置段落格式:段前为"10 磅",段后为"10 磅",行距"1.2 倍",左缩进"1 字符";在"字体"选项卡中设置字体格式:字号"小四",字体"黑体",如图 6-6 所示。

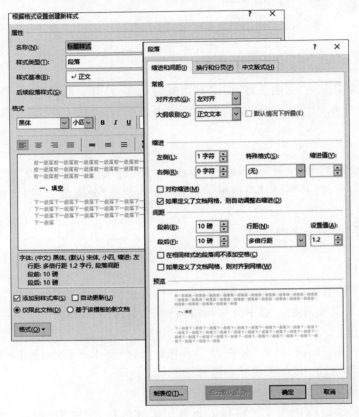

图 6-6　新建样式

样式设置完成后也可以修改,在"样式"窗格中找到刚刚新建的"标题样式"后右击,打开修改样式对话框,勾选"自动更新",将段落格式的大纲级别由"正文"修改"1 级",其他同类标题应用此样式。

(五)段落格式化

1. 段落"《信息技术》试卷",无缩进,居中对齐方式。

2. 填空题中"1. CPU 称为_____,它主要由_____和_____部分组成。"设置段落格式:对齐方式为"两端对齐"、左缩进"1.8 字符"、悬挂缩进"1 字符"、段后"0.5 行"、行距"1.5 倍"。其他同级题目段落格式相同,段落格式可用"格式刷"复制格式。

3. 判断题中"1. 内存储器可以与 CPU 直接交换信息。( )",段落格式及制表位设置如图 6-7 和图 6-8 所示,其他同级题目段落格式相同。

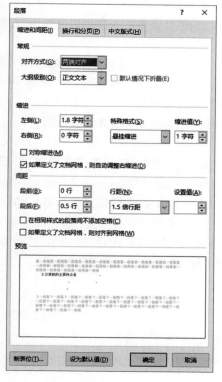

图 6-7　"段落"对话框 1

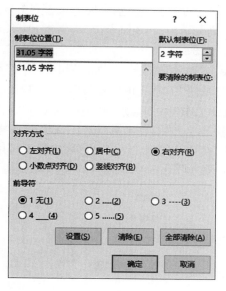

图 6-8　"制表位"对话框 1

4. 选择题中"1. 下列设备中属于输出设备的是＿＿＿＿＿。"段落格式设置和图 6-7 相同。其他同级题目段落格式相同。

5. 选择题中备选答案部分的段落格式及制表位设置如图 6-9 和图 6-10 所示。

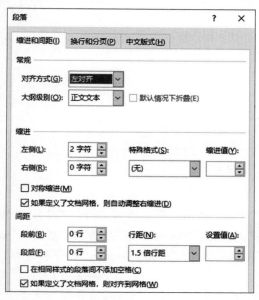

图 6-9　"段落"对话框 2

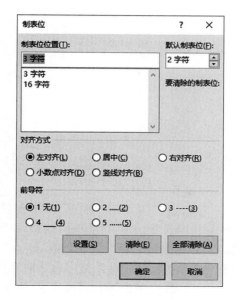

图 6-10　"制表位"对话框 2

6. 四、五、六题中文字部分"利用表格……""勾股定理……""计算机……"的段落格式可参考图 6-8,整篇文档最后一个段落的段后间距可适当加大,栏分隔线的长度可以延长至页脚位置。

（六）表格部分

表格水平方向放置在每栏中间,表格中"单元格对齐方式"为"水平居中";表格的内外框线不同。第二个表格（第四题中的图表）做如下设置:单元格设置底纹在"主题颜色"区域第 2 行选择,表格第 2 行设置为"金色,个性色 4,淡色 80%"、表格第 3 行设置为"绿色,个性色 6,淡色 80%";表格行高分别为 0.78 厘米、0.53 厘米、0.53 厘米,列宽相等。未加说明部分参考图 6-1。

（七）图表

单击"插入"选项卡→"插图"组中"图表" ▮▮ 命令,在"插入图表"对话框中选择"柱形图"中的"簇状柱形图"子项,如图 6-11 所示。将样张表格中的数据复制到"Microsoft Word 的图表"窗口的 Excel 工作表中,拖动工作表中的按钮" ▱ ",生成图表的数据源与样张表格数据一致;切换行列,方法是单击"图表工具/设计"选项卡→"数据"组中"切换行/列"按钮 ▦ ;若"Microsoft Word 的图表"窗口已关闭,"切换行/列"按钮不可用,可以使用"图表工具/设计"选项卡→"数据"组中的"选择数据" ▦ 按钮,在打开的"选择数据源"对话框中用"切换行/列"命令 ▦ 切换行/列(W) 。

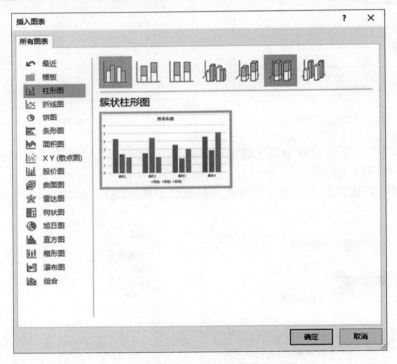

图 6-11　插入图表对话框

（八）左页边距区域

1. 装订线:"插入"→"插图"组中"形状"→"线条"→"直线",画直线,直线"高"为 17 厘米,打开"形状样式"组下的对话框启动器,在"设置形状格式"窗格中设置"线条"为"实线","宽度"为"1 磅","短划线类型"中"长划线-点-点","箭头前端类型"为"圆形箭头","箭头末端类型"为"圆形箭头",直线放置在距纸左边 3 厘米处。

2. 文本框 1:单击"插入"选项卡→"文本"组中"文本框"→"绘制竖排文本框",文本框高度5 厘米、宽度 1 厘米,"格式"→"形状样式"→"形状填充"列表下选择"无填充","形状轮廓"列表下选择"无轮廓",文本框输入文字:密封线内答题无效,宋体,五号字,分散对齐;文本框 1 与直线"顶端对齐""右对齐"。

3. 文本框 2:文本框 2 由文本框 1 复制而成,文本框 2 与直线"底端对齐""右对齐"。

4. 文本框 3:单击"插入"选项卡→"文本"组中"文本框"→"绘制文本框",文本框高度 7 厘米、宽度 2.5 厘米,文本框"形状填充"列表下选择"无填充","形状轮廓"列表下选择"无轮廓",在文本框内插入 6 行、1 列表格,在表格的第 1 行、第 3 行、第 5 行中输入文字:"班级""学号""姓名",字体为"宋体""5 号",单元格对齐方式为"水平居中",表格外框线为"双线";表格水平方向置于文本框中间;表格设置:"行高"1 厘米,"列宽"2 厘米;文本框 3 与直线的对齐方式为"垂直居中""右对齐"。

5. 组合:将直线、文本框 1、文本框 2、文本框 3 组合在一起,并将组合对象复制到第 2 页。

(九)"五、画图"下的直角三角形及线段标注

利用"插入"选项卡→"插图"组中"形状"→"基本形状"下的"直角三角形"及文本框组合后完成,文字环绕为"四周型"。

(十)页眉和页脚

页脚中页码格式为"第 X 页 共 Y 页","居中"。

单击"插入"选项卡→"页眉和页脚"组中"页码"→"页面底端"→"加粗显示的数字 2",将在页脚中居中位置插入"当前页码/总页数"格式的页码。按【Alt+F9】键,页脚显示域代码为 {PAGE} / {NUMPAGES} ,再次按【Alt+F9】键,恢复原来的显示方式;也可以增加文字,如在当前页数前面输入"第"字,当前页数后面输入"页"字,删除"/",在总页数的前面输入"第"字,总页数的后面输入"页"字,显示的结果是"第 1 页 共 2 页",域代码为"第{PAGE}页 共{NUMPAGES}页"。

(十一)图片

计算机图片部分,将图片的高度和宽度分别设置为 3 厘米,图片颜色更改为"重新着色"→"黑白:50%",将图片放置在合适的位置,环绕文字方式为"四周型"。

知识拓展

(一)快速浏览长文档

在长文档中快速将光标定位在某一页、某一题注、某一脚注、某一标题内容,并且按上述内容进行浏览查看。

单击"开始"选项卡→"编辑"组中"查找"下拉列表中"转到",打开"查找和替换"对话框,单击"定位"标签,在"定位目标"中选择所需项目,如图 6-12 所示。快捷键【F5】也可以实现相同功能。

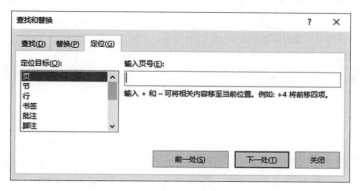

图 6-12 定位选项卡

在"输入页号"栏中输入"+"，此时"下一处"按钮变为"定位"按钮，然后单击"定位"按钮，就可以将光标定位在下一页开始处。如果在"输入页号"栏中输入"+4"，然后单击"定位"按钮，就可以将光标定位在往后第四页的开始处，以此类推。在对话框中定位目标处也可以选择按"题注""脚注""节""标题"等项定位。

（二）拆分窗口

单击"视图"选项卡→"窗口"组中"拆分"命令，可以将窗口拆分成上下两部分，得到了两个可以同时查看同一个文档的窗口，两个窗口之间有分隔线，上下拖动窗口的分隔线，可以调整窗口的高度；在两个窗口中进行移动或复制操作非常方便，利用鼠标拖动就可以实现。

（三）协同文档编辑

应用主控文档功能，可以轻松完成多人协同文档编辑工作。教材的编写、企业的年终总结报告等通常篇幅比较长，因此往往需要由几个人共同协作才能完成。协同工作是一个比较复杂的过程，Word 2016 在大纲视图下的主控文档功能可以解决重复拆分、合并主文档这个难题。以本教材编写为例，说明主控文档的使用。

1. 打开教材编写提纲，将各部分的首行都设成"标题 1"样式。单击"视图"选项卡→"视图"组中"大纲视图"按钮，将视图切换成"大纲视图"。在"主控文档"区域中单击"显示文档"展开"主控文档"区域，选中需要创建子文档的部分，单击"主控文档"区域的"创建"按钮，即可把文档拆分成多个子文档，系统会将拆分开的子文档内容分别用框线围起来，如图 6-13 所示。

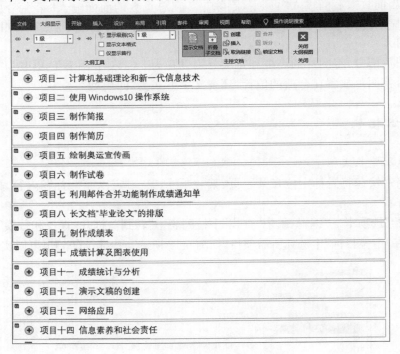

图 6-13　主控文档

2. 将文档保存到一个单独的文件夹后退出，保存时 Word 会同时在该文件夹中创建多个子文档分别保存拆分的几个部分内容。自动拆分以设置了标题 1 样式的标题文字作为拆分点，并默认以首行标题作为子文档名称。若想自定义子文档名，可在第一次保存主文档前，双击框线左上角的图标打开子文档，在打开的 Word 窗口中单击"保存"即可自由命名保存子文档。在保存主文档后子文档就不能再改名、移动了,否则主文档会因找不到子文档而无法显示。

3. 把文件夹下的子文档按分工发给不同的人员进行编辑,不要修改文件名。等大家编辑好各自的文档发回后,再把这些文档复制粘贴到保存的文件夹下覆盖同名文件,即可完成汇总。现在的主文档已经是编辑汇总好的教材了,可以直接在文档中进行修改、批注,修改的内容、修订记录和批注都会同时保存到对应子文档中。

4. 主文档修改完成后先保存一下,再将子文档重新发回给对应的人,大家就可以按修订、批注内容进行修改完善。重复此步骤直到教材最终完成。

5. 打开主文档,在“大纲视图”下单击“主控文档”→“展开子文档”,可以完整显示所有子文档内容。选择所有显示的子文档内容,单击“主控文档”选项卡中的“显示文档”,可以展开“主控文档”区,单击“取消链接”即可。

最后命名另存即可得到合并后的一般文档,原来的主文档以后再编辑时也可使用。

项目七　利用邮件合并功能制作成绩通知单

 项目描述

"邮件合并"是 Word 2016 中一种可以批量处理的功能。如期末考试结束,需为每位同学印发信息技术课程成绩通知单,就可以利用"邮件合并"功能完成成绩通知单的制作。

 **项目目标**

学习目标:

1. 了解"邮件合并"功能和适用条件。

2. 了解"邮件合并"的基本过程。

3. 掌握"邮件合并"的使用方法。

能力目标:

1. 能够掌握"邮件合并"的步骤和技巧。

2. 能够利用"邮件合并"制作"成绩通知单""工作证"等适用文档。

3. 能够分析"邮件合并"的适用条件并合理使用该功能。

素质目标:

1. 讲究方式方法,提高工作效率。

2. 提高分析、解决实际问题的能力。

3. 勤俭节约,倡导适度、节用、合理的生活方式。

 知识储备

(一)什么是邮件合并

在实际工作中,经常会遇到需要编辑大量格式一致,数据字段相同,但数据内容不同且每条记录单独成文、单独填写的文件,如带照片的工作证、准考证、录取通知书、学生成绩报告单、工资条等。假如一份一份地编辑打印,虽然每份文件只需修改个别数据,但工作量大,重复劳动消耗的时间和精力也多,同时也大大降低工作效率。而如果能灵活运用好 Word 邮件合并功能,就可以轻松、准确、快速地完成这些任务。

邮件合并功能并不是一定要发邮件,而是 Word 中一项使用方便而又不为人熟知的高级功能,利用该功能可以方便地将数据表中的各行数据批量转成格式化的 Word 文档,进而大大提高工作效率。

使用"邮件合并"功能的文档通常都具备两个规律:

(1)需要制作文档的数量比较多。

（2）这些文档内容分为固定不变的内容和变化的内容,其中变化的部分由数据表中含有标题行的数据记录表表示。比如信封上的寄信人地址和邮政编码、信函中的落款等,这些都是固定不变的内容;而收信人的地址、邮编等就属于变化的内容。

（二）邮件合并的基本过程

1. 打开或建立主文档

"主文档"就是固定不变的主体内容,比如信封中的落款、信函中对每个收信人都不变的内容等。使用邮件合并之前先建立主文档,一方面可以考查预计中的工作是否适合使用邮件合并,另一方面为数据源的建立或选择提供了标准和思路。

2. 打开或建立数据源

数据源就是含有标题行的数据记录表,其中包含相关的字段和记录内容。在实际工作中,数据源通常是现成存在的,比如你要制作大量客户信封,多数情况下,客户信息可能早已被客户经理做成 Excel 表格,其中含有制作信封需要的"姓名""地址""邮编"等字段。如果没有现成的则要根据主文档对数据源的要求建立,根据习惯使用 Word、Excel、Access 都可以,实际工作时,常常使用 Excel 制作。

3. 在文档中插入合并域

域是指 Word 在文档中自动插入文字、图形、页码和其他资料的一组代码,也是插入主文档中的占位符,表示合成时在所生成的每个文档副本中显示唯一信息的位置域,是在邮件合并中使用的唯一信息,也就是数据源中的相应字段,例如:信封或标签上的地址,套用信函的问候行中的姓名等。数据源中的记录行数,决定着主文件生成的份数。

4. 数据合并到新文档

到此,邮件合并的工作就基本结束了,既可以选择"合并到新文档"（适用于只有几十上百条记录）来把这些信息输出到一个 docx 文档里,然后直接打印这个文档就可以了,也可以选择"合并到打印机"（适用于成百上千条录）,并不生成 docx 文档,而是直接打印出来。

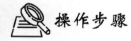 **操作步骤**

（一）建立主文档

1. 创建 Word 文档后,单击"邮件"选项卡→"开始邮件合并"按钮中的"信函（L）"命令,如图 7-1 所示。

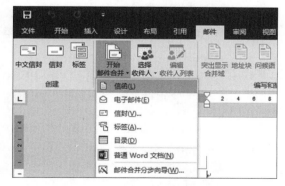

图 7-1　邮件合并命令

2. 在当前文档中按照已经定义好的样式输入主文档中的文字内容，如图 7-2 所示，并保存为"成绩通知单主文档.docx"。

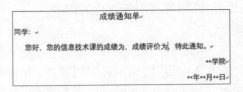

图 7-2　成绩通知单的相同内容

（二）建立数据源

1. 打开 Excel 创建"学生成绩表.xlsx"，并将工作表名改为"学生成绩表"并保存，如图 7-3 所示。

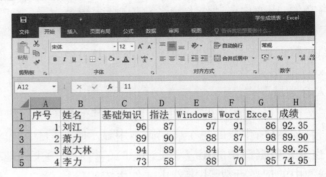

图 7-3　学生成绩表

2. 返回 Word 中，单击"邮件"选项卡→"选择收件人"按钮→"使用现有列表"命令，如图 7-4 所示。在弹出对话框中找到并选中"学生成绩表.xlsx"文件，如图 7-5 所示。单击"打开"按钮，选择"学生成绩表$"，单击"确定"按钮，如图 7-6 所示。

图 7-4　"使用现有列表"命令

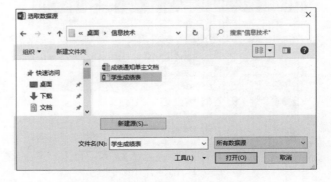

图 7-5　选中"学生成绩表.xlsx"文件

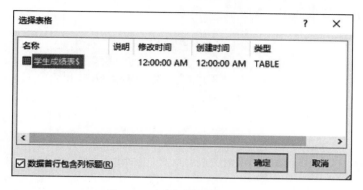

图 7-6　选定"学生成绩表＄"

（三）插入合并域

1. 把光标定位在学生姓名应在的位置处，单击"邮件"选项卡→"插入合并域"按钮→"姓名"命令，即可插入变化的学生姓名，如图 7-7 所示。利用同样的办法还可以插入课程成绩。

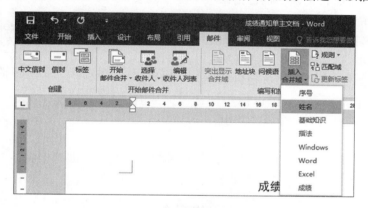

图 7-7　插入合并域"姓名"

2. 为了让学生更好地了解情况，我们把成绩大于或等于 60 分设定为"及格"，反之则为"不及格"。为此利用"邮件"选项卡中的"规则"来实现成绩评价功能。

单击"邮件"选项卡→"规则"按钮→"如果…那么…否则（Ｉ）…"，按图 7-8 所示填写。

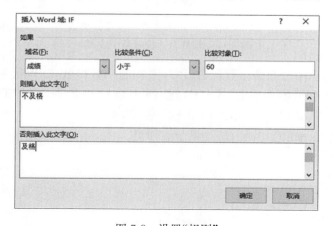

图 7-8　设置"规则"

3. 设置完成最终效果如图 7-9 所示。

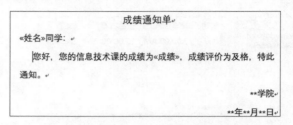

图 7-9　设置完成后的成绩通知单主文档

4. 自动检查错误（可选）

为了避免浪费纸张和其他资源，当认为工作已经完成时，可以单击"预览结果"组中的"检查错误"按钮，打开"检查并报告错误"对话框，如图 7-10 所示。

模拟合并，同时在新文档中报告错误——使用该选项检查新文档中的所有错误。

完成合并，出错时暂停并报告——确定文档中有错误时就使用该选项，这样就能观察错误发生时的情况。

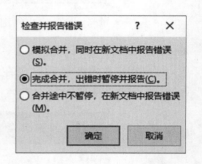

图 7-10　"检查并报告错误"对话框

合并途中不暂停，在新文档中报告错误——如果不想在每个错误出现时都暂停，可以使用该选项完成合并，然后将错误报告发送到一个新文档中。

（四）完成合并

单击"邮件"选项卡→"完成并合并"按钮→"编辑单个文档"，即可生成一个新的文档，命名为"学生成绩通知单 . docx"，保存于"文档"中，如图 7-11 所示。

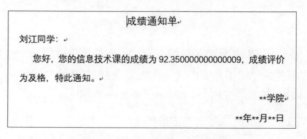

图 7-11　邮件合并完成后的文档

生成的成绩通知单中分数的小数位数较多，要控制小数位数，如保留两位小数，可采用以下方法：在主文档中使用组合键【Alt＋F9】切换为域代码状态，将控制分数部分的代码 ｛MERGEFIELD 成绩｝修改为｛MERGEFIELD 成绩\ ♯ "0. 00"｝，0. 00 表示保留两位小数。修改完成后再使用【Alt＋F9】切换回域结果状态即可。

🔑 知识拓展

（一）用一页纸打印多个邮件

利用 Word"邮件合并"可以批量处理和打印文档，很多情况下我们的文档很短，只占几行的空间,但打印时也要用整页纸,导致打印速度慢,并且浪费纸张。如何才能在一页纸上打印多个短小文档呢?

方法一:创建邮件合并时,单击"邮件"选项卡→"开始邮件合并"按钮→"目录"命令,如图 7-12 所示。

方法二:若已经合并完成为新建文档,则需要把新建文档中的分节符(ˆb)全部替换成人工换行符(ˆl)(注意此处是小写英文字母 l,不是数字 1)。具体做法是利用 Word 的"开始"选项卡下的"替换"按钮,在"查找和替换"对话框的"查找内容"框内输入"ˆb",在"替换为"框内输入"ˆl",单击"全部替换"按钮,如图 7-13 所示,此后就可在一页纸上印出多个邮件来。

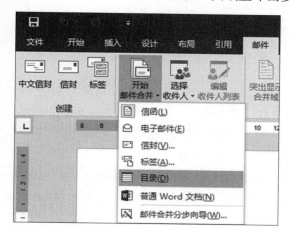

图 7-12　邮件合并"目录"

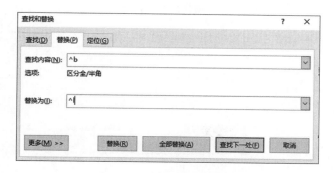

图 7-13　将"ˆb"替换为"ˆl"

方法三:合并到新文档后,单击"布局"选项卡→"页面设置"对话框→"版式"标签在"节的起始位置"列表中选择"接续本页",将应用于改为"整篇文档"。

(二)嵌套式 Word 域 if…then…else(I)…的运用

在前面的例子中,在成绩评价处我们仅要求做出了"及格"和"不及格"两种评价,但在实际工作中,却经常会碰到要求输出两种以上不同信息的情况,如成绩评价要求改为 85(含 85)分以上为"优秀"、84—75(含 75)分为"良好"、74—60(含 60)分为"及格"、60 分以下"不及格",这时就要用到嵌套式 Word 域。

步骤如下:

1. 打开"成绩通知单主文档.docx",设置文档为显示"域代码"状态,方法是单击"文件"选项卡→"选项"命令→"高级"按钮,在"显示文档内容"组中选中"显示域代码而非域值"复选框,单击"确定"按钮,如图 7-14 所示(按【Alt＋F9】组合键也可切换状态)。

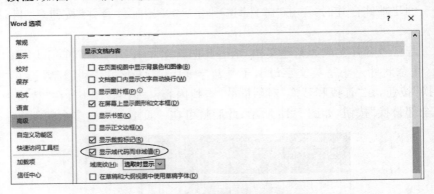

图 7-14　设置"域代码"状态

完成后的主文档如图 7-15 所示。

图 7-15　"域代码"状态下的主文档

2. 在域代码中选中"及格",再次使用规则"如果…那么…否则(I)…",在弹出的对话框中按图 7-16 填写。

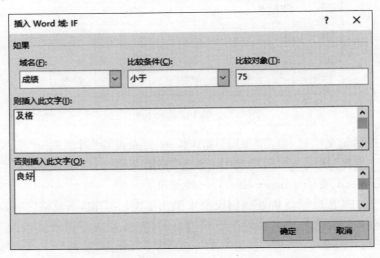

图 7-16　再次插入 Word 域如果…那么…否则(I)

3. 在域代码中选中"良好",重复使用规则"如果…那么…否则(I)…",按图 7-17 填写。

4. 完成后的主文档如图 7-18 所示,单击"邮件"选项卡中的"完成合并"按钮即可。

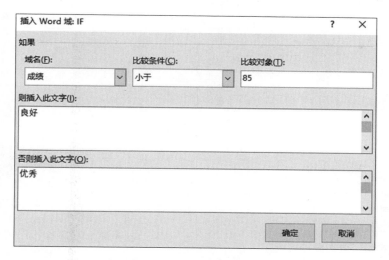

图 7-17 重复插入 Word 域如果…那么…否则（I）

图 7-18 嵌套式 Word 域完成后的主文档

（三）应用 IncludePicture 域插入照片

在利用"邮件合并"功能制作某些文件时，需要插入相应的照片，如工作证、准考证等，但"邮件合并"本身并不具备这样的功能，这时就需要用到 IncludePicture 域，其功能是插入指定的图片。

例如要制作一个带照片的工作证，在此介绍一下必要的步骤：

1. 准备工作证所需照片素材。将每个职工的照片按一定的顺序进行编号，照片的编号顺序可以根据单位的数据库里的职工姓名、部门顺序来编排。然后把照片存放在指定磁盘的文件夹内，比如"C:\工作证\照片"。

2. 使用 Excel 表格建立"职工信息表"作为数据源，在表中要分别包括职工的工号、姓名、部门和照片信息，姓名、部门可以直接从单位数据库里导入，姓名、工号的排列顺序要和前面照片的工号顺序一致，照片一栏并不需要插入真实的图片，而是要输入对应照片保存的磁盘地址，比如"C:\\工作证\\照片\\001.jpg"，具体路径信息可单击照片所在文件夹的地址栏查看，但需注意把地址栏的单反斜杠改为双反斜杠，制作完成后把该工作簿命名为"职工信息表"保存（该工作簿中最好把多余的工作表删掉），如图 7-19 所示。

3. 在主文档需要插入照片的位置，单击"插入"选项卡→"文档部件"按钮→"域"命令，按图 7-20 填写。

	A	B	C	D
1	工号	姓名	部门	照片
2	001	张三	教务处	c:\\工作证\\照片\\001.jpg
3	002	李四	学生处	c:\\工作证\\照片\\002.jpg
4	003	王五	学生处	c:\\工作证\\照片\\003.jpg
5	004	宋二	教务处	c:\\工作证\\照片\\004.jpg
6	005	孙六	教务处	c:\\工作证\\照片\\005.jpg

图 7-19　职工信息表

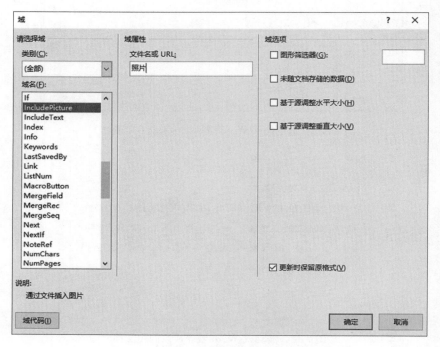

图 7-20　"域"命令对话框

4. 按组合键【Alt＋F9】进入域代码编辑状态，可以看到域代码内容为｛INCLUDEPIC-
TURE"照片"\ ＊ MERGEFORMAT｝，选中"照片"，单击"邮件"选项卡→"插入合并域"→"照
片"按钮，更改完成后的域代码为｛INCLUDEPICTURE"｛MERGERIELD 照片｝"\ ＊
MERGEFORMAT｝。

5. 按【Alt＋F9】查看结果，若照片不显示，则按【Ctrl＋A】全选后按【F9】键刷新即可显示。
在主文档内将照片大小调整为合适尺寸，域代码与域值状态分别如图 7-21 所示。

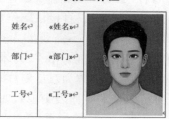

图 7-21　域代码与域值状态

6.最后完成"邮件"生成即可,制作完成如图 7-22 所示。

若合并后的文档中照片均为一人,则继续按【Ctrl+A】全选后按【F9】键更新域。

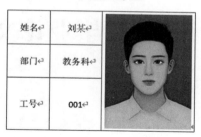

图 7-22 完成结果

项目八 长文档"毕业论文"的排版

 项目描述

　　每位大学生毕业前都必须完成编辑毕业论文的重要任务。毕业论文通常文档较长,且排版格式要求复杂,针对不同部分有不同的排版要求。如果方法不得当,在排版过程中会做很多重复性劳动,并且效果还不理想。

 项目目标

　　学习目标:
　　1. 了解毕业论文排版格式的具体要求
　　2. 了解长文档的排版知识。
　　3. 掌握长文档排版的正确步骤。
　　能力目标:
　　1. 学会编辑复杂的论文封面。
　　2. 学会如何为图、表插入题注和交叉引用的操作方法。
　　3. 学会插入、更新目录。
　　4. 学会综合运用 Word 各个知识点完成长文档的排版。
　　素质目标:
　　1. 提高诚信道德意识。
　　2. 学会自主发现、自主探索的学习方法。
　　3. 提升知识产权及著作权的概念,增强法律意识。

 知识储备

　　(一)创建目录
　　对于内容结构复杂的文档,有时需要创建一个文档目录用来查看整个文档的结构与内容,从而帮助用户快速查找所需信息。在 Word 2016 中不仅可以手动创建目录,还可以在文档中自动插入目录。
　　1. 手动创建目录
　　将插入点定位在需要插入目录的位置,单击"引用"选项卡→"目录"按钮→"手动目录"命令。"手动目录"插入的目录内容需要用户手动填写标题,不受文档内容的影响,如图 8-1 所示。

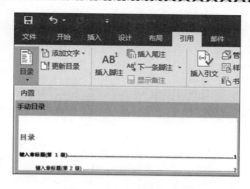

图 8-1　插入"手动目录"

2. 自动创建目录

　　将插入点定位在需要插入目录的位置,单击"引用"选项卡→"目录"按钮→"自动目录 1"或"自动目录 2"命令,即会插入目录(需提前设置好各章节标题样式)。"自动目录 1"与"自动目录 2"根据文档内容中各级标题的设置情况自动出现目录,但格式有所不同。

　　选择"自定义目录"命令会打开"目录"对话框,如图 8-2 所示。

图 8-2　"目录"对话框

　　(1)打印预览:在该列表框中主要显示目录的最终打印效果。选中"显示页码"复选框,表示在目录最终打印时将连同页码一起打印。选中"页码右对齐"复选框,表示目录中的页码将实行右对齐格式。单击"制表符前导符"下三角按钮,在下拉列表中可以选择前导符的样式。

　　(2)Web 预览:在该列表框中主要显示目录在 Web 网页中的效果。选中"使用超链接而不使用页码"复选框,表示目录在 Web 网页中不会显示页码,只会以超链接的方式进行显示,单击目录中的标题将会跳转到链接位置。

　　(3)常规:该选项组中主要包括"格式"与"显示级别"两种选项。其中"格式"选项用来显示目录的格式,主要包括古典、流行、现代等 7 种格式;"显示级别"是用来显示目录中标题的显示级别,取值范围为 1～9。

　　(4)选项:主要用来设置目录的样式与级别。单击"选项"按钮,即可弹出"目录选项"对话框。在该对话框中选中"样式"复选框,即可设置目录的样式与级别,如图 8-3 所示。

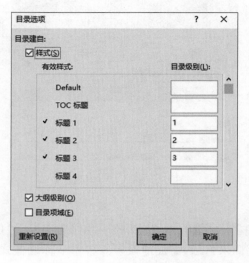

图 8-3　"目录选项"对话框

（5）修改：主要用来修改目录的样式。单击"修改"按钮，即可弹出"样式"对话框，如图 8-4 所示。在"样式"列表框中选择要修改的条目，单击"修改"按钮，在弹出的"修改样式"对话框中可以设置对应条目的格式。

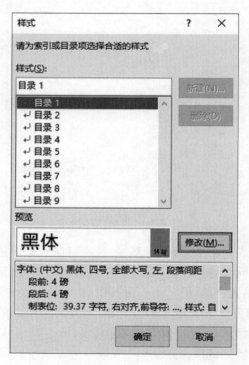

图 8-4　"样式"对话框

3. 更新目录

创建文档目录之后，当用户再对文档进行编辑时，为了适应文档内容需要重新编制目录，此时便可以使用 Word 2016 中的更新目录功能来更新文档目录。方法有以下三种：

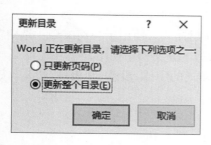

图 8-5　"更新目录"对话框

（1）选择文档目录，单击"引用"选项卡→"目录"按钮→"更新目录"命令，在弹出的"更新目录"对话框中选中"更新整个目录"单选按钮，单击"确定"按钮即可，如图 8-5 所示。

（2）按快捷键【F9】，更新目录。

（3）选择目录后右击，选择"更新域"命令。

（二）使用样式

样式是一组命名的字符和段落格式，规定了文档中的字、词、句、段与章等文本元素的格式，在 Word 文档中使用样式不仅可以减少重复性操作，还可以快速的格式化文档，确保文本格式的一致性。

1. 创建样式

在 Word 2016 中，用户可以根据工作需求与习惯创建新样式。单击"开始"选项卡→"样式"组"对话框启动器"按钮，在打开的"样式"窗格中，单击"新建样式"按钮，弹出"根据格式设置创建新样式"对话框，如图 8-6 所示。

图 8-6　打开"根据格式设置创建新样式"对话框

（1）在"属性"组中，主要设置样式的名称、类型、基准等一些基本属性。

① 名称：输入文本用于对新样式的命名。

② 样式类型：用于选择"段落"、"字符"、"表格"、"列表"与"链接段落和字符"类型。

③ 样式基准：用于设置正文、段落、标题等元素的样式标准。

④ 后续段落样式：用于设置后续段落的样式。

（2）在"格式"组中，主要设置样式的字体格式、段落格式、应用范围与快捷键等。

① 字体格式：主要用于设置样式的字体、字号、效果、颜色与语言等字体格式。

② 段落格式：主要用于设置样式的段落对齐方式、行间距等。

③ 添加到样式库：选中该复选框表示将新建样式添加到样式库中。

④ 自动更新：选中该复选框表示将自动更新新建样式与修改后的样式。

⑤ 仅限此文档：选中"仅限此文档"单选按钮，表示新建样式只使用于当前文档。选中"基于该模板的新文档"单选按钮，表示新建样式可以在此模板的新文档中使用。

⑥ 格式：单击该按钮，可以在相应的对话框中设置样式的字体、段落、制表位、边框、快捷键等格式。

2. 应用样式

（1）应用内置样式

选择需要应用样式的文本，单击"开始"选项卡→"样式"列表框的"其他"按钮，在下拉列表中选择相应的样式类型，即可将文本应用为该样式。例如，应用"强调"与"明显参考"样式，如图 8-7 所示。

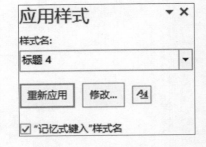

图 8-7　应用内置样式

（2）应用新建样式

应用新建样式时，可以像应用内置样式那样在"其他"下拉列表中选择。另外，也可以在"其他"下拉列表中选择"应用样式…"命令，弹出"应用样式"任务窗格。在"样式名"下拉列表中选择新建样式名称，如图 8-8 所示。

3. 编辑样式

在应用样式时，用户常常需要对已应用的样式进行修改或删除，以便符合文档内容与工作的需求。

图 8-8　应用新建样式

（1）修改样式

在"样式名"下拉列表框中需要修改的样式上右击，选择"修改"命令，打开"修改样式"对话框，在弹出的对话框中修改样式的各项参数。"修改样式"对话框与创建样式中的"根据格式设置创建新样式"对话框内容相同。

（2）删除样式

在"样式名"下拉列表框中需要删除的样式上右击，选择"从样式库中删除"命令，即可删除该样式。

（三）域

1. 域的概念

域是一种特殊的代码，用于指示 Word 在文档中插入某些特定的内容或自动完成某些复杂的功能。

域包括域代码和域结果两部分。域代码是代表域的符号，域结果是利用域代码进行一定的替换计算得到的结果。域有些类似于 Excel 中的公式,具体来说,域代码类似于公式,域结果类似于公式计算得到的值。

域的最大优点是可以根据文档的改动或其他有关因素的变化而自动更新。例如,生成目录后,目录中页码会随着页面的增减而产生变化,这时可通过更新域来自动修改页码。因而使用域不仅可以方便地完成许多工作,更重要的是能够保证得到正确的结果。

Word 将许多域内置为菜单命令,一般通过菜单命令可以插入域,这样用户可以不与域直接打交道就能得到域的效果。用 Word 排版时,若能熟练使用 Word 域,可增强排版的灵活性,减少许多烦琐的重复操作,提高工作效率。

2. Word 域代码

Word 域代码是由域特征字符、域类型、域指令和开关组成的字符串;域结果是域代码所代表的信息。域特征字符是指包围域代码的大括号"{ }",它不是从键盘上直接输入的,按【Ctrl＋F9】键可插入这对域特征字符。域类型就是 Word 域的名称,域指令和开关是设定域类型如何工作的指令或开关。

例如,域代码{ DATE \＊ MERGEFORMAT }在文档中每个出现此域代码的地方插入当前日期,其中"DATE"是域类型,"\＊ MERGEFORMAT"是通用域开关。

3. 通用域开关

通用域开关是一些可选择的域开关,用来设定域结果的格式或防止对域结果格式的改变,对大多数域可以应用以下四个通用开关:

格式(\＊):设定编号的格式、字母的大写和字符的格式,防止在更新域时对已有域结果格式的改变。

数字图片(\♯):指定数字结果的显示格式,包括小数的位数和货币符号的使用等。

日期/时间图片(\@):对含有日期或时间的域使用该开关,可以设置域结果中日期或时间的格式。

锁定结果(\!):使用锁定域结果开关,可以防止更新由书签、"INCLUDETEXT"或"REF"域所插入文本中的域。

4. Word 域的类型

Word 提供了许多域类型,单击"插入"选项卡→"文本"组中"文档部件"按钮→"域"命令,打开"插入域"对话框,可以看到所有 Word 域类型的列表及其分类信息。

5. Word 域的应用

使用 Word 域可以实现许多复杂的工作。主要有:自动编页码、图表的题注、脚注、尾注的号码;按不同格式插入日期和时间;通过链接与引用在活动文档中插入其他文档的部分或整体;实现无须重新输入即可使文字保持最新状态;自动创建目录、关键词索引、图表目录;插入文档属性信息;实现邮件的自动合并与打印;执行加、减及其余数学运算;创建数学公式;调整文字位置等。

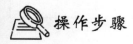 操作步骤

(一)操作准备

1. 论文的结构

(1)封面

(2)中文摘要

(3)英文摘要

(4)目录

(5)正文

(6)参考文献

(7)致谢

2. 纸张和页面的要求

(1)纸张大小：A4。

(2)页边距为：上：2.75 cm；下 2.54 cm；左：3.57 cm；右：2.77 cm。

(3)页眉距边界 1.5 cm；页脚距边界 1.75 cm。

(4)学位论文要求双面打印，每一章都另起一页（奇数页）开始。

3. 分隔符设置的位置

(1)"封面"之后插入"分页符"。

(2)"中文摘要"之后插入"分页符"。

(3)"英文摘要"之后插入"下一页"分节符。

(4)"目录"之后插入"下一页"分节符。

(5)"正文"部分中各章之间、"参考文献"和"致谢"间都插入"奇数页"分节符。

4. 页码的设置要求

(1)封面、中英文摘要部分没有页码。

(2)目录的页码在页面底部：格式为罗马数字Ⅰ，Ⅱ，Ⅲ，…，页码居中，起始页码为Ⅰ。

(3)正文的页码在页面底部：格式为阿拉伯数字1，2，…，奇数页的页码在右边；页码格式为：1，3，5，…，起始页码为1。偶数页的页码在左边；页码格式为：2，4，6，…，起始页码为2。

5. 封面的制作要求

(1)学校的名字设置为：华文行楷、小初。

(2)"硕士学位论文"设置为宋体、二号。

(3)"中文论文题目"设置为宋体、三号。

(4)"英文论文题目"设置为英文 Times New Roman、三号、加粗。

(5)论文封面中其余的文字均设置为：宋体、小四号。

6. 正文的样式要求（表 8-1）

表 8-1　正文样式

名　称	字体格式	段落格式
正文中文	宋体小四号	段前、段后 0 磅、行距为固定值 20 磅首行缩进 2 字符
正文英文	Times New Roman、小四号	段前、段后 0 磅、行距为固定值 20 磅

7. 标题编号及样式要求

(1)标题编号设置（利用多级列表）

①一级列表格式为：第 N 章。

②二级列表格式为：章．节。

③三级列表格式为:章．节．小节。

（2）标题样式要求（表 8-2）

表 8-2　标题样式表

名　　称	字体格式	段落格式
一级标题	黑体、小三号、加粗	段前、段后 30 磅、单倍行距、居中
二级标题	黑体、四号、加粗	段前、段后 18 磅、单倍行距、居中
三级标题	黑体、小四号、加粗	段前、段后 12 磅、单倍行距、左对齐

（3）标题样式应用要求

①将标题 1 样式用在一级标题。

②将标题 2 样式用在二级标题。

③将标题 3 样式用在三级标题。

8. 页眉部分设置要求。

（1）封面、摘要和目录部分没有页眉。

（2）正文部分奇数页的页眉为一级标题名称,字号为小五号、宋体,在页面的右侧。

（3）正文部分偶数页的页眉是"天津铁道大学硕士学位论文",字号为小五号、宋体,在页面的左侧。

9. 图、表的设置要求

（1）插入图、表题注。

（2）插入图、表交叉引用。

10. 目录的生成

各级标题采用逐级缩进形式,每级缩进 2 字符,页码前导符采用"…"。

（二）保存文件

首先打开名为"毕业论文素材 . docx"的文件,将该文件另存为"学号＋姓名 . docx"。单击"视图"选项卡→勾选"显示"组中"导航窗格"复选框,显示"导航窗格",如图 8-9 所示。

图 8-9　显示"导航窗格"

（三）纸张和页面的设置

单击"布局"选项卡→"页面设置"组的对话框启动器,在打开的"页面设置"对话框中按如下要求进行设置:

1. 纸张尺寸为:A4,纵向;(大小为 21 cm×29.7 cm)。

2. 页面各边距设置要求见表 8-3。

表 8-3　页面边距的设置

位置	距离	位置	距离
上边距	上 2.75 cm	下边距	下 2.54 cm
左边距	左:3.57 cm	右边距	右:2.77 cm
页眉距边界	1.5 cm	页脚距边界	1.75 cm

（四）分隔符的设置

论文中插入"分隔符"如图 8-10 所示。

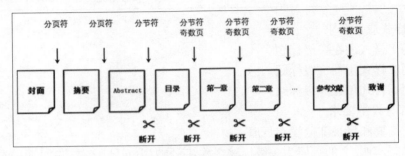

图 8-10　论文中插入"分隔符"处

1. 将光标定位在"封面"的最后，也是"摘要"之前，单击"布局"选项卡→"页面设置"组中"分隔符"→"分页符"命令（快捷键是【Ctrl＋Enter】），如图 8-11 所示。用同样的方法在"摘要"后，也是"Abstract"前插入"分页符"。

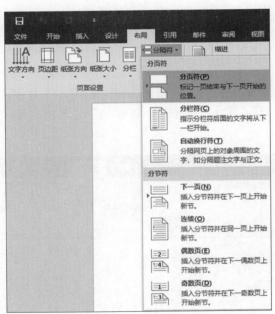

图 8-11　插入"分页符"

2. 在"Abstract"最后，"内容目录"前插入"下一页"分节符。

将光标定位在"Abstract"的最后，"内容目录"之前单击"布局"选项卡→"页面设置"组中"分隔符"→"分节符"类型中的"下一页"命令，如图 8-12 所示。

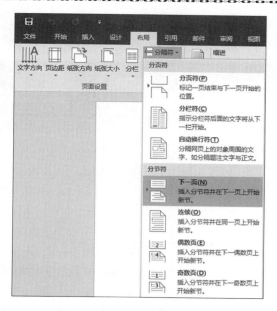

图 8-12　插入"下一页"分节符

3. 在"内容目录"最后,"第 1 章"之前插入"奇数页"分节符。

将光标定位在"内容目录"最后,第 1 章之前,单击"布局"选项卡→"页面设置"组中"分隔符"→"分节符"类型中的"奇数页"命令,如图 8-13 所示。

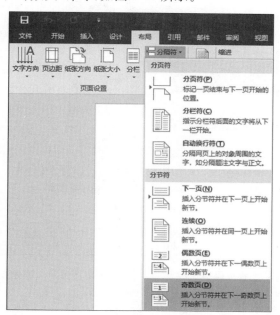

图 8-13　插入"奇数页"分节符

4. 在各章之间、"参考文献"和"致谢"之前插入"奇数页"分节符,如图 8-10 所示。

(五)页码的设置

1. 目录部分页码的设置

(1)在"内容目录"的第 1 页页脚处双击,因为上一节是"Abstract",没有页脚,所以在"页眉和页脚工具"选项卡中单击取消"链接到前一条页眉",让文档中"与上一节相同"这几个字消失,切断与上一节的链接,不勾选"奇偶页不同"复选框,如图 8-14 所示。

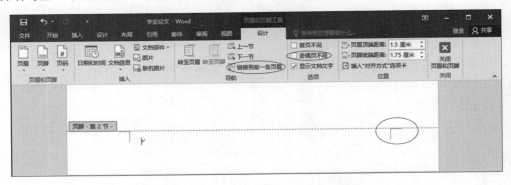

图 8-14　取消"链接到前一条页眉"

　　(2)单击"页眉和页脚工具"选项卡→"页码"按钮→"设置页码格式"命令,如图 8-15 所示,打开"页码格式"对话框。
　　(3)在"页码格式"对话框中,将"编号格式"设置为罗马数字"Ⅰ,Ⅱ,Ⅲ,…","起始页码"设置为"Ⅰ",如图 8-16 所示,设置好后,单击"确定"按钮。

图 8-15　选择"设置页码格式"

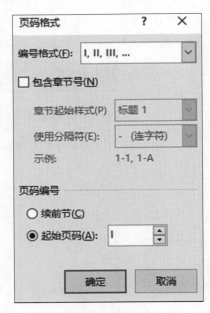

图 8-16　起始页码的设置

　　(4)单击"页眉和页脚工具/设计"选项卡→"页码"按钮→"页面底端"→"普通数字 2"命令,在页脚居中的位置插入罗马数字"Ⅰ",如图 8-17 所示。
　　2.正文部分页码的编辑
　　(1)在"第 1 章"奇数页页脚处双击,因为正文的页码是用阿拉伯数字,与目录的页码不同,所以要单击"链接到前一条页眉",切断与上一节的链接。勾选"奇偶页不同"复选框,如图 8-18 所示。

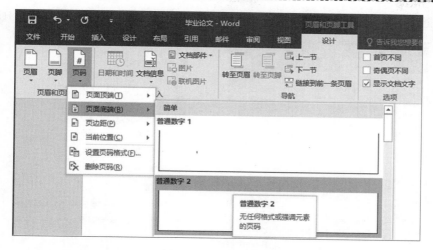

图 8-17　目录的页码

图 8-18　奇数页页脚的插入

　　(2)单击"页眉和页脚工具/设计"选项卡中→"页码"按钮→"设置页码格式"命令,打开"页码格式"对话框,将"编号格式"设置为阿拉伯数字"1,2,3,…","起始页码"设置为"1",设置好后,单击"确定"按钮。

　　(3)单击"页眉与页脚工具/设计"选项卡→"页码"按钮→"页面底端"→"普通数字 3"命令,如图 8-18 所示,使插入的页码右对齐。

　　(4)在"第 1 章"偶数页页脚处双击,取消"链接到前一条页眉",让页脚中"与上一节相同"这几个字消失,切断与上一节的链接,勾选"奇偶页不同"复选框。

　　(5)单击"页眉与页脚工具/设计"选项卡→"页码"按钮→"页面底端"→"普通数字 1"命令,使插入的页码左对齐。

　　(六)封面的制作

　　1. 选中整个封面文本,单击"插入"选项卡→"表格"按钮→"文本转换为表格"命令,注意在打开的"将文字转换成表格"对话框中,将"文字分隔位置"选为"制表符",如图 8-19 所示。

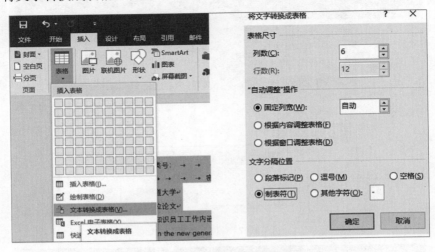

图 8-19　将"封面文本"转换成表格

2. 按照图 8-20 所示,根据文本所在位置制作论文封面。利用表格制作论文封面,这样排版的目的是修改方便,用表格的下框线作为横线,在编辑时就不会因添加或删除文字而出现对不齐的现象。

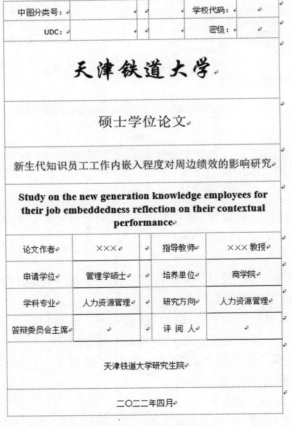

图 8-20　"论文封面"样式

3. 将文字"天津铁道大学"的字符设置为：华文行楷、小初。

4. 将文字"硕士学位论文"的字符设置为：宋体、二号。

5. 将文字论文题目"新生代知识员工……研究"的字符格式设置为：宋体、三号。

6. 将英文论文题目"Study on …performance"的字符格式设置为：Times New Roman、三号字、加粗。

7. 将论文封面中其余的文字均设置为：宋体、小四号。参见图 8-20，利用"表格工具/布局"选项卡将封面中的文字信息，放在适当的位置。

8. 选中表格，去掉表格的所有框线。将需要加上"横线"的单元格添加上"下边框"。

（七）正文样式的建立与应用

1. 单击"开始"选项卡→"样式"组的对话框启动器，如图 8-21 所示。

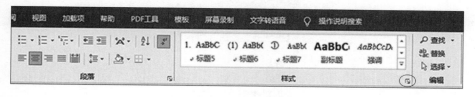

图 8-21　打开"样式"窗格

2. 在打开的"样式"窗格中，单击"新建样式"按钮，如图 8-22 所示。

3. 在打开的"根据格式设置创建新样式"对话框中如图 8-23 所示，创建正文的样式。在"名称"栏中输入"论文正文"，将字体格式设置为"宋体""小四号"。

单击"格式"下拉三角按钮选择"段落"命令，打开"段落"对话框，将段落按照表 8-4 所示内容设置。

图 8-22　新建样式

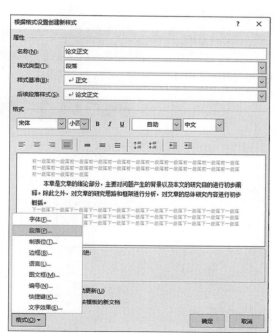

图 8-23　创建论文正文样式

表 8-4　段落的设置

对齐方式	两端对齐
左、右缩进	0
首行缩进	2 字符
段前、段后	0
行距	固定值，20 磅

4. 正文样式设置好后显示在样式表中，如图 8-24 所示，选中所有正文后单击"样式"窗格中的"论文正文"，就会把"论文正文"的样式应用到所有正文文字上。

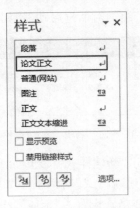

图 8-24　将论文正文样式应用于正文

（八）标题编号及样式的设置

1. 标题编号设置

（1）"开始"选项卡的"段落"组中"多级列表"按钮可以将编号和标题建立链接。光标定位在"第 1 章"位置，选择"多级列表"中的"定义新的多级列表"命令，如图 8-25 所示。在弹出"定义新的多级列表"对话框中单击"更多"，打开如图 8-26 所示对话框。

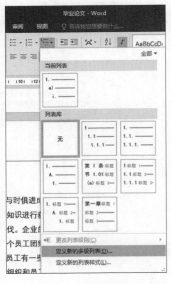

图 8-25　多级列表样式

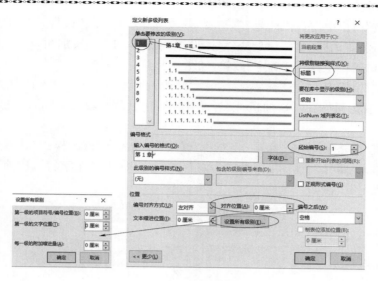

图 8-26　定义新的多级列表

　　按照 8-26 所示进行设置:在"单击要修改的级别"处单击"1","将级别链接到样式"处选择"标题 1",起始编号设置为"1",编号之后选择"空格";在"输入编号的格式"中"1"的两侧分别输入"第""章"两个字。(注意:编号的格式中的"1"是计算机自动生成的,不要手工输入);单击"设置所有级别",将所有值均设置为 0。

　　(2)在"单击要修改的级别"处单击"2",将"级别链接到样式"处选择为"标题 2","编号之后"选择为"空格";同理将要修改的级别中"3"与标题 3 也建立链接,在"重新开始列表的间隔"位置选择为"级别 2","编号之后"位置选择为"空格",如图 8-27 所示,最后单击"确定"按钮。

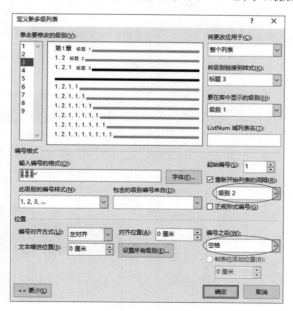

图 8-27　定义多级列表

2. 修改标题样式

(1)单击"开始"选项卡→"样式"组中对话框启动器打开"样式"窗格。

（2）在"样式"窗格中，右击"标题1"，选择"修改"命令，打开"修改样式"对话框。

在"修改样式"对话框中将"标题1"字体设置为黑体、小三号、加粗；段落设置为居中、段前、段后30磅、单倍行距，单击"确定"按钮，如图8-28所示。

（3）在"样式"窗格中，右击"标题2"，选择"修改"命令，在打开的"修改样式"对话框中将"标题2"字体设置为黑体、四号、加粗；段落设置为居中、段前、段后18磅、单倍行距，单击"确定"按钮。

（4）在"样式"窗格中，右击"标题3"，选择"修改"命令。在"修改样式"对话框中将"标题3"字体设置为黑体、小四号、加粗；段落设置为左对齐、首行缩进"2个字符"、段前、段后12磅、单倍行距，单击"确定"按钮。

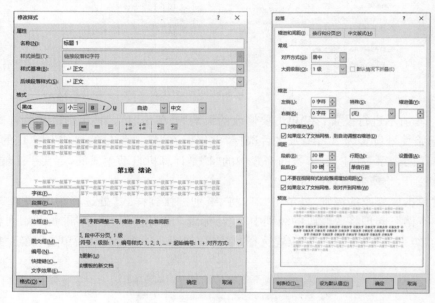

图8-28 修改"标题1"样式

3. 标题样式应用

（1）样式修改好后，在"第1章"标题位置单击，再单击"样式"窗格中的"标题1"，将"标题1"的样式应用到"第1章"标题上。其他各章标题依次类推。

（2）在将"标题1"样式应用到参考文献时，也会将章节名称加到它之前，这时单击"编号"按钮，取消编号应用，自动编的章号就会消失，如图8-29所示。

（3）将"标题2"的样式应用到二级标题。

（4）将"标题3"的样式应用三级标题。

这样，各级标题就会自动设置好了，如图8-30所示。

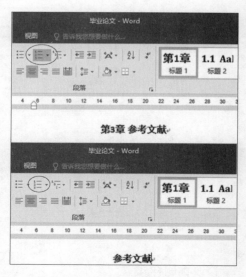

图8-29 取消"参考文献"章节编号

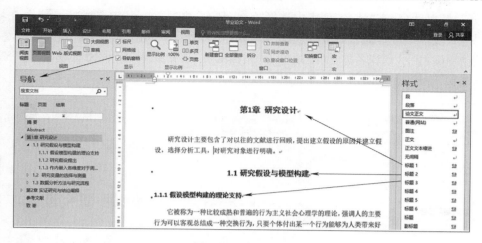

图 8-30 应用样式

（九）设置页眉

1. 奇数页页眉的设置

（1）因为封面、摘要和目录部分没有页眉，所以，在"第 1 章"第 1 页的页眉处即奇数页的页眉处双击，进入页眉编辑状态，在"页眉和页脚工具/设计"选项卡中单击"导航"组内"链接到前一条页眉"按钮，让文档中"与上一节相同"这几个字消失，切断与上一节间的链接。在"选项"组中勾选"奇偶页不同"复选框，如图 8-31 所示。

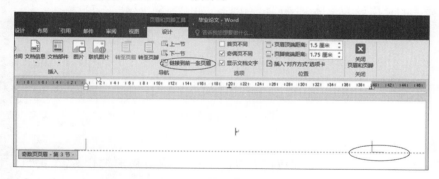

图 8-31 单击"链接到前一条页眉"后效果

（2）单击"页眉页脚工具/设计"选项卡→"插入"组中"文档部件"按钮→"域"命令，如图 8-32 所示。

图 8-32 "文档部件"下拉列表

　　打开"域"对话框,在"域名"列表中选择"StyleRef",在"样式名"中选择"标题1",在域选项中勾选"插入段落编号",插入一级标题编号,如图8-33所示,单击"确定"按钮。

　　若需要同时显示章节名称,则继续单击"文档部件"按钮插入"StyleRef"域,但这一次不要勾选"域选项"中的"插入段落编号"复选框,效果如图8-33中②所示。

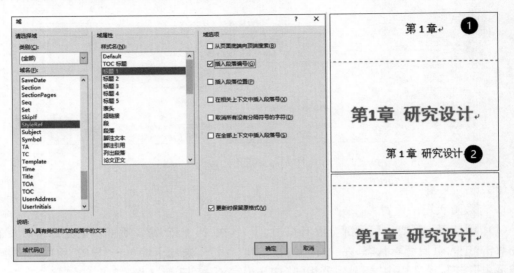

图 8-33　在页眉中插入"段落编号"域及插入效果

　　(3)将插入的页眉设为宋体,小五号,右对齐,如图8-34所示。

图 8-34　奇数页页眉

　　2. 偶数页的页眉的设置

　　在"第1章"第2页的页眉即偶数页页眉处双击,进入页眉编辑状态,单击"页眉和页脚工具/设计"选项卡→"导航"组"链接到前一节页眉"按钮,让文档中"与上一节相同"这几个字消失,以切断与上一节间的链接。在"选项"组中勾选"奇偶页不同"复选框,在页眉处输入"天津铁道大学硕士学位论文",如图8-35所示,并把字体设为宋体小五号,左对齐。这样所有偶数页的页眉会自动设置完成。

图 8-35　偶数页页眉

　　(十)图、表的设置

　　1. 图的设置

　　(1)选择文中第1个图,单击"引用"选项卡→"题注"组中"插入题注"按钮,弹出"题注"对话框,单击"新建标签"按钮,在"标签"中输入"图",单击"确定"按钮;再单击"编号"按钮,在"题注编号"对话框中勾选"包含章节号","使用分隔符"中用"连字符",单击"确定"按钮,如图 8-36 所示。

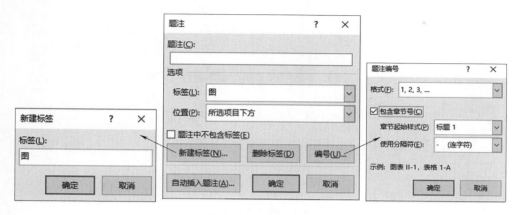

图 8-36 新建标签"图"

再单击"题注"对话框中的"确定"按钮即可插入编号"图 1-1",在编号"图 1-1"后输入需要注释的内容即可,如图 8-37 所示。(添加的图编号是在一个文本框当中,若不想添加在文本框中,需提前将图片设为"嵌入式"。)

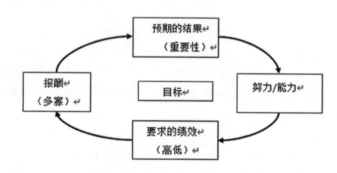

图 1-1 期望理论循环图

图 8-37 使用"题注"添加图的编号

(2)若需修改"题注"的字体、段落等格式设置,则可以通过在"样式"窗格中修改"题注"样式来改变。打开"样式"窗格,在"题注"上右击,选择"修改"命令,设置为宋体、小五号、居中对齐、段前 0.5 行、首行缩进"无"。

(3)单击选择下一个图,再单击"引用"选项卡→"题注"组中"插入题注"按钮,在打开的"题注"对话框中单击"标签"列表,选择"图",在"位置"列表中选择"所选项目下方",单击"确定"按钮。第 2 个图编号就建好了。重复第(2)步操作,将所有的图自动编号。

2. 表的设置

(1)选择第 1 个表,单击"引用"选项卡→"题注"组中"插入题注"按钮,在打开的"题注"对话框中单击"新建标签"按钮,在"标签"再输入"表",单击"确定"按钮;单击"编号"按钮,在"题注编号"对话框中勾选"包含章节号","使用分隔符"中用"连字符",单击"确定"按钮;单击"题注"对话框中将"位置"选为"所选项目上方",单击"确定"按钮,如图 8-38 所示。在编号"表 2-1"后加上需要注释的内容即可,如图 8-39 所示。

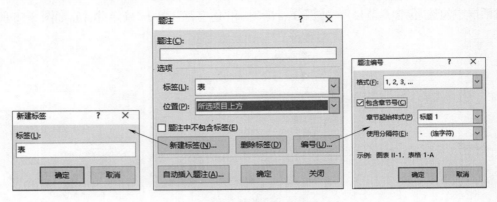

图 8-38　新建标签"表"

表 1-1　测评内容构成表

测评内容			题　　目
基本信息	人口统计学变量	性别、年龄、学历等	6 道题目
自变量	工作内嵌入	组织匹配	8 道题目
因变量	周边绩效	工作奉献	9 道题目

图 8-39　使用"题注"添加表的编号

(2)单击选择下一个表,再单击"引用"选项卡→"题注"组中"插入题注"按钮,在打开的"题注"对话框中单击"标签"的下拉列表,选择"表",在"位置"列表中选择"所选项目上方",单击"确定"按钮。第 2 个表编号就建好了。重复第(2)步操作,将所有的表自动编号。

(十一)自动生成目录

1. 自动生成内容目录

(1)光标定位在需要生成目录的位置,单击"引用"选项卡→"目录"按钮→"自定义目录"命令,打开"目录"对话框。按图 8-40 所示进行设置,其中"显示级别"为 3。

图 8-40　插入"目录"对话框

（2）在目录对话框中单击"修改"按钮，在弹出的"样式"对话框中单击选择"目录 1"，如图 8-41 所示，再单击"修改"按钮，在打开的修改样式对话框中将"目录 1"的样式修改为黑体、不加粗、四号、段前段后 4 磅、单倍行距；"目录 2"样式修改为黑体、左缩进为 0、首行缩进 2 字符、段前段后 4 磅、单倍行距；"目录 3"样式修改为黑体、小四、左缩进为 0、首行缩进 4 字符、段前段后 4 磅、单倍行距。完成后单击"确定"按钮完成目录的插入，结果如图 8-42 所示。

图 8-41　修改一级目录样式

<table>
<tr><td colspan="2" align="center">内容目录</td></tr>
<tr><td>第 1 章　研究设计</td><td>1</td></tr>
<tr><td>　1.1 研究假设与模型构建</td><td>1</td></tr>
<tr><td>　　1.1.1 假设模型构建的理论支持</td><td>1</td></tr>
<tr><td>　　1.1.2 研究假设提出</td><td>1</td></tr>
<tr><td>　　1.1.3 作内嵌入各维度对于周边绩效各维度具有正向的影响作用</td><td>2</td></tr>
<tr><td>　1.2 研究变量的选择与测量</td><td>2</td></tr>
<tr><td>　　1.2.1 作内嵌入的定义及测量</td><td>3</td></tr>
<tr><td>　　1.2.2 周边绩效的定义及测量</td><td>3</td></tr>
<tr><td>　　1.2.3 组织公平的定义及测量</td><td>3</td></tr>
<tr><td>　1.3 数据分析方法与研究流程</td><td>4</td></tr>
<tr><td>　　1.3.1 分析方法</td><td>4</td></tr>
<tr><td>　　1.3.2 样本选择</td><td>4</td></tr>
<tr><td>第 2 章　实证研究与结论阐释</td><td>7</td></tr>
<tr><td>　2.1 信度分析</td><td>7</td></tr>
<tr><td>　　2.1.1 工作内嵌入量表的信度分析</td><td>7</td></tr>
<tr><td>　　2.1.2 周边绩效量表的信度分析</td><td>8</td></tr>
<tr><td>　　2.1.3 组织公平量表的信度分析</td><td>8</td></tr>
<tr><td>　2.2 效度分析</td><td>8</td></tr>
<tr><td>　　2.2.1 工作内嵌入量表的效度分析</td><td>8</td></tr>
<tr><td>　　2.2.2 周边绩效量表的效度分析</td><td>9</td></tr>
<tr><td>　　2.2.3 组织公平量表的效度分析</td><td>10</td></tr>
<tr><td>　2.3 回归分析与假设解释</td><td>11</td></tr>
<tr><td>　　2.3.1 工作内嵌入对周边绩效的影响</td><td>11</td></tr>
<tr><td>　　2.3.2 组织公平的调节作用分析</td><td>11</td></tr>
<tr><td>参考文献</td><td>13</td></tr>
<tr><td>致　谢</td><td>15</td></tr>
</table>

图 8-42　生成的目录

（3）自动更新目录。论文在修改过程中，内容有时会出现变化，这时就要更新目录。在生成的目录处，右击，选择"更新域"（或者按快捷键【F9】），弹出"更新目录"对话框，如果论文标题的内容没变，只是页码变了，选择"只更新页码(P)"即可；如果论文标题的内容变了，就必须选择"更新整个目录(E)"。

2. 自动生成图目录

Word 2016 还可以为文章中所有图生成一个目录。将光标定位在生成图目录的位置，单击"引用"选项卡→"题注"组中"插入表目录"按钮，弹出"图表目录"对话框，如图 8-43 所示。在题注标签下拉列表中选择"图"，单击"确定"按钮。生成的"图"目录效果如图 8-44 所示。

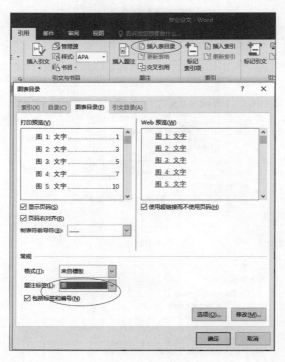

图 8-43　插入"图"目录

图 8-44　"图"目录效果

3. 自动生成表目录

Word 2016 也可以为文章中所有表生成一个目录。将光标定位在生成表目录的位置，单击"引用"选项卡→"题注"组中"插入表目录"按钮，弹出"图表目录"对话框，如图 8-45 所示。在"题注标签"下拉列表中选择"表"，单击"确定"按钮。生成的"表"目录效果如图 8-46 所示。

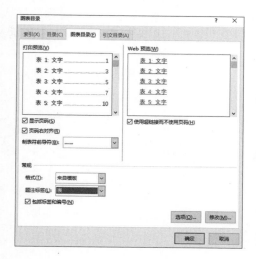

图 8-45 插入"表"目录

图 8-46 生成的表目录

（一）使用"交叉引用"插入标题

除了使用"StyleRef"域可以自动插入文档中应用了样式的标题外，使用"交叉引用"功能也可以实现。不同的是"交叉引用"只能使用插入时设置的内容不能进行内容的自动更换。例如进入第 1 章第 1 页的页眉编辑状态，单击"引用"选项卡→"题注"组中"交叉引用"按钮，打开"交叉引用"对话框，如图 8-47 所示。

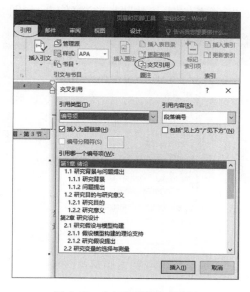

图 8-47 "交叉引用"对话框

在"引用类型"位置选择"编号项"，"引用内容"位置选择"段落编号"，取消勾选"插入为超链接"，在"引用哪一个编号项"位置单击选择"第 1 章 绪论"，单击"插入"按钮，则在光标定位处插入了"第 1 章"的标题编号；若需要插入标题名称，则继续在"交叉引用"窗口设置"引用类型"为"编号项","引用内容"为"段落文字",单击"插入"按钮,即可完成标题名称的插入,按【Alt＋F9】组合键可查看代码,单击"关闭"按钮可关闭"交叉引用"对话框,如图 8-48 所示。

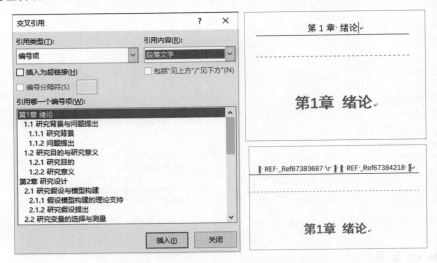

图 8-48　使用"交叉引用"插入标题名称

使用"交叉引用"虽然在"第 1 章"的页眉处插入了对应的标题内容,但是当跳转到"第 2 章"位置时,页眉却仍然插入的是"第 1 章"的标题而不会自动更改,因此使用"交叉引用"功能需选择合理的使用环境。

（二）文档字数的统计

单击"审阅"选项卡→"校对"组中"字数统计"按钮,打开"字数统计"对话框,在"统计信息"框中可以显示"页数""字数""字符数""段落数""行数"等信息,如图 8-49 所示。

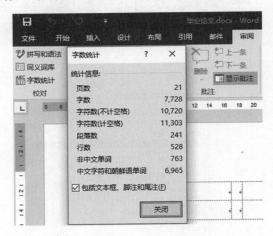

图 8-49　字数统计

（三）打印文档

1. 设置打印选项

文档在打印前,需要先对打印的内容进行设置来决定是否打印绘制的图形、插入的图像及文档属性信息等内容,方法为单击"文件"→"选项"→"显示",在右侧"打印选项"栏中勾选所需项目,如图 8-50 所示。

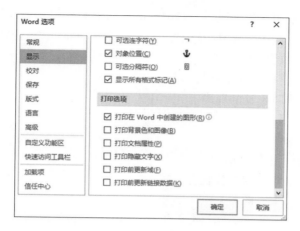

图 8-50　打印选项

2. 打印预览

文档在打印前可以预览打印效果，及时发现版式错误，避免纸张浪费。单击"文件"→"打印"，即可在右侧窗格中预览打印效果，如图 8-51 所示。下方可进行页码切换和显示比例的调整。

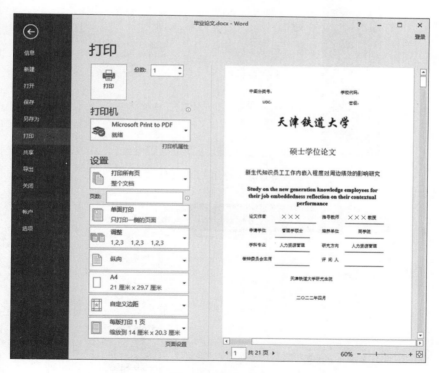

图 8-51　打印预览

3. 打印文档

设置完成并且预览效果满意，即可将文档进行打印。选择"打印"命令后，根据需求设置好打印参数，单击"打印"按钮即可开始打印，如图 8-51 所示。各项参数设置如下：

份数：设置打印份数。

打印机：选择打印使用的打印机。"打印机属性"可对打印机参数进行设置。

打印所有页：还可以选择"打印所选内容"、"打印当前页面"、"自定义打印范围"、"仅打印奇数页"和"仅打印偶数页"选项。

单面打印：还可以选择"双面手动打印"。

调整：打印超过一份时重复的顺序。

纵向：还可以选择"横向"。

A4：选择打印的纸张大小。

自定义边距：设置打印的页边距。

每版打印 1 页：设置打印的缩放状态。

（四）将文档发布为 PDF 格式

Word 可将文档直接导出为 PDF 格式的文件，单击"文件"→"导出"→"创建 PDF/XPS"，如图 8-52 所示。在打开的"发布为 PDF 或 XPS"对话框中确定保存路径和名称后，单击"发布"按钮即可。在对话框中单击"选项"按钮，在打开的"选项"对话框中勾选"使用密码加密文档"复选框，则会打开"加密 PDF 文档"对话框，设置密码后发布的 PDF 文档将进行加密，使用密码才可打开，如图 8-53 所示。

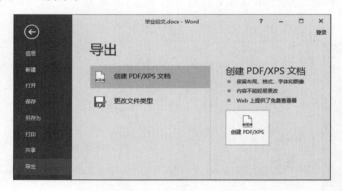

图 8-52　导出 PDF 文件

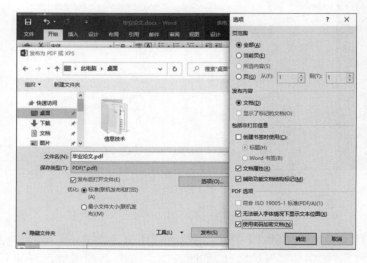

图 8-53　加密 PDF 文件

项目九　制作成绩表

项目描述

　　Excel 2016 是 Microsoft Office 软件中的电子表格处理程序,有出色的计算和分析统计数据的功能。本项目将学习 Excel 的基本概念、数据录入、表格格式化、页面设置和打印等内容,制作完成效果如图 9-1 所示工作表。

序号	姓名	基础知识	指法	Windows	Word	Excel	成绩	名次
				成绩单				
1	刘江	86	87	97	91	86		
2	萧力	90	90	88	87	98		
3	赵大林	94	89	84	84	80		
4	李力	73	58	88	70	85		
5	孔祥	79	92	91	87	89		
6	张强	80	88	96	87	90		
7	王红	77	85	91	65	82		
8	赵明	78	86	92	68	81		
9	钱江	79	87	93	71	80		
10	孙华	80	88	94	74	79		
11	李兵	81	89	95	77	78		
12	周祥	40	50	45	60	77		
13	吴晓明	83	62	47	83	76		
14	王刚	84	73	85	86	52		
15	冯明明	85	44	51	75	74		
16	陈东	86	80	53	92	73		
17	诸志勇	87	95	55	95	72		
18	卫明亮	88	85	88	98	71		
19	蒋山	89	97	59	70	78		
20	沈东	90	98	61	71	76		
21	韩花	87	60	64	72	74		
22	杨树	84	94	67	73	72		
23	朱晓刚	81	56	70	74	70		
24	秦刚	78	90	73	75	68		
25	尤丽丽	75	88	76	76	66		
26	许芹	72	86	79	77	64		
27	何丽	50	84	82	78	62		
28	吕冰	66	82	85	79	60		
29	施亮	63	80	88	80	58		
30	张华华	53	78	91	81	61		
31	孔伟	61	76	94	82	64		
32	曹芳	62	74	90	83	67		
33	严明	63	72	55	84	70		
34	华华	51	70	82	85	73		
35	金晓阳	65	68	78	70	76		
36	魏东	66	66	74	71	79		
37	陶雨	67	64	70	72	82		
38	陈燕	54	62	66	73	85		
39	李彬	69	60	62	74	88		
40	周明月	75	58	58	75	45		

图 9-1　Excel 成绩表效果

项目目标

学习目标：

1. 掌握 Excel 的基本操作。

2. 掌握不同类型数据的录入特点和方法。

3. 掌握 Excel 表格的格式化方法。

4. 了解 Excel 的页面设置和打印操作。

能力目标：

1. 能够根据实际情况，完成数据录入、创建表格。

2. 能够对工作表表格进行格式化操作。

3. 能够完成工作表打印输出的设置工作。

素质目标：

1. 注意方式方法，提升学习和工作效率。

2. 加强学习新技术新知识的愿望和动力。

知识储备

（一）启动 Excel 与退出 Excel

1. 启动 Excel 2016

可以用以下任一种方式启动 Excel 2016。

①"开始"→"Excel 2016"。

②双击快捷方式图标。

③打开一个 Excel 文件的同时也可以启动 Excel 2016。

2. 退出 Excel

用 Windows 下任何一种关闭应用程序窗口的方法均可退出 Excel 2016。

①单击窗口右上角的"关闭"按钮。

②快捷键【Alt＋F4】。

（二）工作簿操作

1. 新建工作簿

选择"文件"→"新建"命令（或按【Ctrl＋N】组合键），可以在任务窗格中选定模板类型，如图 9-2 所示，若选择空白工作簿，则新建工作簿文件名为工作簿 1，文件后缀为 .xlsx。

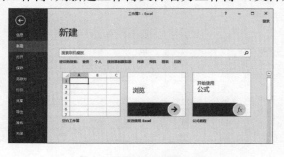

图 9-2　新建工作簿选项

2. 保存工作簿

选择"文件"→"保存"命令（或按【Ctrl＋S】组合键），第一次保存会出现"另存为"对话框，需要指定保存位置、保存文件名，也可以设置保存选项，设置密码可以提高工作簿的安全性，如图9-3～图9-5所示。若更改保存的位置、文件名可选择"文件"→"另存为"命令，会出现"另存为"对话框。

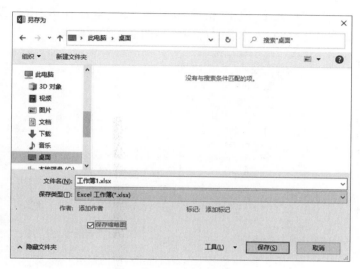

图9-3 "另存为"对话框

图9-4 "另存为"对话框中工具按钮选项

图9-5 "常规选项"对话框

3. 打开、关闭工作簿

（1）打开工作簿

选择"文件"→"打开"命令，（组合键【Ctrl＋O】）在打开的对话框中指定文件位置及文件名。

（2）关闭工作簿

选择"文件"→"关闭"命令，显示"关闭当前工作簿"对话框，对话框询问用户是否要将当前已更新的内容进行保存。关闭工作簿但不退出 Excel。

（三）工作表操作

1. 选择工作表

（1）选择一个工作表：单击工作表标签。

（2）选择多个相邻工作表：单击第一个工作表标签，然后按住【Shift】键，单击要选择的最后一个工作表标签。

（3）选择多个不相邻工作表：单击第一个工作表标签，然后按住【Ctrl】键，单击下一个要选择的工作表标签。

2. 工作表重命名

选择"开始"选项卡→"单元格"组中"格式"按钮→"重命名工作表"命令或选择工作表，在快捷菜单中选择"重命名"命令。工作表名称应满足图9-6所示要求。

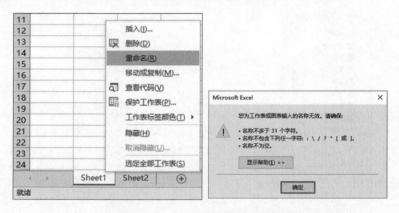

图 9-6　重命名工作表出现错误时的提示

在工作表标签上双击也可以对工作表重命名。

3. 移动或复制工作表

单击"开始"选项卡→"单元格"组中"格式"→"移动或复制工作表"命令或选择工作表，在快捷菜单中选择"移动或复制工作表"命令，若执行复制操作，需选择"建立副本"复选框。将选择工作表移至的目标工作簿需打开，如图9-7所示。

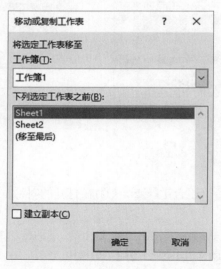

图 9-7　"移动或复制工作表"对话框

若移动或复制操作在当前工作簿中进行，可用鼠标拖动的方式进行。直接拖动工作表名可移动，按住【Ctrl】键拖动工作表名可复制。

4.插入工作表

单击"开始"选项卡→"单元格"组中"插入"按钮→"插入工作表"命令或选择工作表后在快捷菜单中选择"插入"命令。

5.删除工作表

单击"开始"选项卡→"单元格"组"删除"按钮→"删除工作表"命令或选择工作表后在快捷菜单中选择"删除"命令。

（四）单元格地址的表示方法：

采用"列标+行号"的方式。

一个单元格,如 A2,表示第 A 列与第 2 行交叉处;

一行单元格,如 5:5,表示第 5 行之间所有的单元格;

多行单元格,如 3:8,表示第 3 行至第 8 行所有单元格;

一列单元格,如 B:B,表示第 B 列中的全部单元格;

多列单元格,如 B:D,表示第 B 列至第 D 列的全部单元格;

单元格区域,如 A1:B10,表示第 A 列到第 B 列和第 1 行到第 10 行之间的单元格区域。

（五）选择操作

在对单元格进行数据输入、编辑、计算等操作之前,必须选择一个单元格或一个单元格区域。当选择了一个单元格时,它便成为活动单元格;当选择了单元格区域时,该单元格区域左上角的单元格便成为活动单元格,可以利用【Tab】键或【Enter】键在选择的单元格区域中移动活动单元格,活动单元格的单元格引用会出现在名称框中。可以向活动单元格中输入数据或编辑活动单元格中的数据。

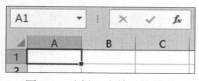

图 9-8　选择一个单元格效果

选择一个单元格:被选择的单元格的名称在名称框中显示出来,单元格四周有绿色框线,右下角的小方框为填充柄,如图 9-8 所示。其他选择操作见表 9-1。要取消选择的单元格区域,单击工作表中的任意单元格。

表 9-1　选择及对应操作

选　　择	操　　作
一个单元格	单击该单元格或按箭头键,移至该单元格
单元格区域	方法一:单击该区域中的第一个单元格,然后拖至最后一个单元格,或者在按住【Shift】键的同时按箭头键以扩展选定区域 方法二:选择该区域中的第一个单元格,然后按【F8】键,使用箭头键扩展选定区域。要停止扩展选定区域,再次按【F8】键
工作表中的所有单元格	单击"全选"按钮 ![全选 按钮] 。要选择整个工作表,还可以按【Ctrl +A】组合键
不相邻的单元格或单元格区域	选择第一个单元格或单元格区域,然后在按住【Ctrl】键的同时选择其他单元格或区域
整行或整列	单击行标题或列标题

选　择	操　作
相邻行或列	在行标题或列标题间拖动鼠标。或者选择第一行或第一列,然后在按住【Shift】键的同时选择最后一行或最后一列
不相邻的行或列	单击选定区域中第一行的行标题或第一列的列标题,然后在按住【Ctrl】键的同时单击要添加到选定区域中的其他行的行标题或其他列的列标题
工作表中第一个或最后一个单元格	按【Ctrl＋Home】组合键可选择工作表中的第一个单元格 按【Ctrl＋End】组合键可选择工作表中最后一个包含数据或格式设置的单元格
工作表中最后一个使用的单元格(右下角)之前的单元格区域	选择第一个单元格,然后按【Ctrl＋Shift＋End】组合键可将选定单元格区域扩展到工作表中最后一个使用的单元格(右下角)
到工作表起始处的单元格区域	选择第一个单元格,然后按【Ctrl＋Shift＋Home】组合键可将单元格选定区域扩展到工作表的起始处

（六）输入数据及修改数据

1. 输入数据

当在活动单元格中输入内容时,编辑栏会出现"　✕　"(取消按钮)和"　✓　"(输入按钮),分别用于确认输入和取消输入操作。"　f_x　"用于输入函数。单击键盘上的【Enter】键也可以确认输入完成且活动单元格下移,单击键盘上的【Tab】键确认输入完成且活动单元格右移。

2. 输入特殊数字

（1）分数

如 $\frac{3}{4}$,先输入 0,然后输入空格,再依次输入"3""/""4";如输入 $1\frac{3}{4}$,先输入 1,然后输入空格,再依次输入"3""/""4"。

（2）电话号码

电话号码不参与数学运算,只用来显示,可将数据当成文本对待。输入时,先输入'(英文标点,【Enter】键旁边),再输入电话号码。

3. 数据修改

如果在活动单元格内输入时出现错误,可以立即用【Backspace】键、【Delete】键来修改;如果想取消刚才已完成的全部输入或进行修改,可单击编辑栏上的"取消"按钮;如果想修改非活动单元格中的数据,应先选择该单元格,编辑栏中出现该单元格的数据,即可进行重新编辑或输入。选择要修改的单元格后按【F2】键,也可以将光标定位在单元格中,在单元格中直接修改。

（七）填充操作

对于有规律的数据可用"开始"选项卡→"编辑"组中"填充"命令进行数据的输入,填充方向分为水平方向和垂直方向进行填充。序列填充可以实现等差数列、等比数据、日期及自动填充,如图 9-9 所示。

图 9-9 "序列"对话框

（八）格式化工作表（边框、底纹、对齐等）

格式化工作表可以使数据显示完整清楚、美观。

1. 单元格格式对话框

选择需要格式化的区域，单击"开始"选项卡→"数字"组"对话框启动器"（"开始"选项卡→"对齐方式"组"对话框启动器"或者"开始"选项卡→"字体"组"对话框启动器"）进行格式化操作，快捷键是【Ctrl＋1】。设置单元格格式对话框各选项卡的功能如下：

（1）"数字"标签：控制单元格或单元格区域中数字的显示格式。

分类：Excel 内部设置了多种数字格式，包括常规、数值、货币、会计专用、日期、时间、百分比、分数、科学记数、文本、特殊、自定义等类别，每类中有若干数字格式。使用内置数字格式时，先在"分类"框中单击某一选项，然后选择要指定数字格式的选项。若要创建自己的自定义数字格式用"自定义"，如想使单元格或单元格区域所有输入项以手机号码：×××××××××××格式显示，可在"类型"编辑框中输入"手机号码："# # # # # # # # # # #，最后单击"确定"按钮，如图 9-10 所示。

示例：显示所选单元格应用所选选项后的外观。

图 9-10 "数字"标签

（2）"对齐"标签：用于进行文本对齐设置。

水平对齐：在"水平对齐"列表框中选择选项以更改单元格内容的水平对齐方式。默认情况下，Excel 靠左对齐文本、靠右对齐数值，逻辑值和错误值居中对齐。默认的水平对齐方式为"常规"。更改数据的对齐方式不会更改数据的类型，如图 9-11 所示。

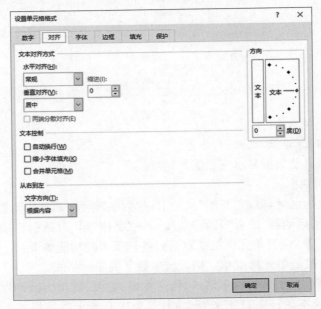

图 9-11　"对齐"标签

垂直对齐：在"垂直对齐"框中选择选项以更改单元格内容的垂直对齐方式。

缩进：从单元格的任一侧缩进单元格内容，取决于"水平对齐"和"垂直对齐"中的选择。

方向：选择"方向"下的选项可更改所选单元格中的文本方向。

度：设置所选单元格中文本旋转的度数。在"度"框中使用正数可使所选文本在单元格中从左下角向右上角旋转。使用负数可使文本在所选单元格中从左上角向右下角旋转。

文本控制：选择"文本控制"下的选项可调整文本在单元格中的显示方式。

自动换行：在单元格中自动将文本切换为多行，自动切换的行数取决于列宽和单元格内容的长度。缩小字体填充：减小字符的外观尺寸以适应列宽显示所选单元格中的所有数据。如果更改列宽，则将自动调整字符大小，此选项不会更改所应用的字号。合并单元格：将所选的两个或多个单元格合并为一个单元格，合并后的单元格引用为最初所选区域中位于左上角的单元格中的内容。

从右到左：在"文字方向"框中选择选项以指定阅读顺序和对齐方式。

（3）"字体"标签：用于修饰字体。

字体：为所选文本选择字体、字形、字号以及其他格式选项。

字号：可输入数字。"字号"列表中的字号范围取决于所选择的字体和活动打印机。

普通字体：选中"普通字体"复选框可将字体、字形、字号和效果重新设置为"常规"（默认）样式。

在各项字体参数设置中，每改变一个参数，会在预览区显示变动效果，如图 9-12 所示。

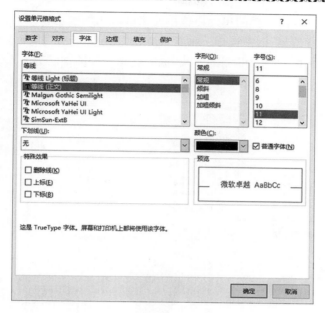

图 9-12　"字体"标签

（4）"边框"标签：为单元格或单元格区域设置边框线。

预置：选择"预置"下的边框选项可应用边框或从所选单元格中删除边框。

线条：在"样式"下选择选项以指定边框的线条粗细和样式。若要更改现有边框的线条样式，先选择所需的线条样式选项和颜色，然后在"边框"模型中单击要显示新的线条样式的边框区域。

边框：单击"样式"框中的线条样式，再单击"预置"或"边框"下的按钮为所选单元格应用边框。若要删除所有边框，单击"无"按钮。也可用"文本"框左侧或下方的按钮添加或删除边框，如图 9-13 所示。

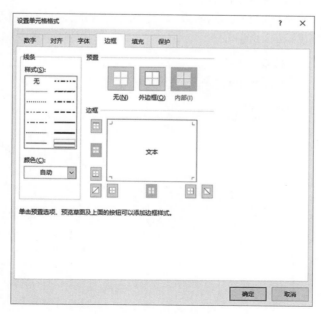

图 9-13　"边框"标签

（5）"填充"标签：可以向选择的单元格或单元格区域添加颜色和图案。

单元格底纹：在"背景色"框中选择一种背景颜色，也可以选择"填充效果"或"其他颜色"按钮设置颜色，或者在"图案颜色"和"图案样式"框中选择一种图案已为所选部分设置彩色图案，如图 9-14 所示。

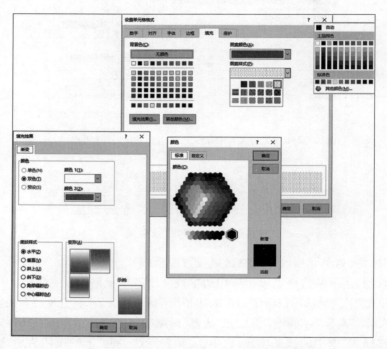

图 9-14　"设置单元格格式"对话框"填充"标签

（6）"保护"标签，具体包含以下内容：

锁定：保护所选单元格以避免更改、移动、调整大小或删除。只有在保护工作表时锁定单元格才有效，如图 9-15 所示。

图 9-15　"保护"标签

隐藏:隐藏单元格中的公式,以便在选中该单元格时在编辑栏中不显示公式。如果选择该选项,只有在保护工作表时隐藏公式才有效。

2. 自动套用格式

选择"开始"选项卡→"样式"组中"套用表格格式"命令,在下拉列表中选择相应的样式,可以有选择地应用格式,如数字、字体、对齐、边框、图案、列宽/行高,如图 9-16 所示。

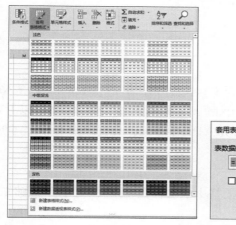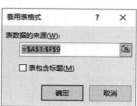

图 9-16　自动"套用格式"对话框

(九)条件格式

条件格式根据单元格的数值可以动态地为单元格设置不同的字体样式、图案和边框等。

1. 设置条件格式

单击"开始"选项卡→"样式"组中"条件格式"命令,在下拉列表中选择"突出显示单元格规则""项目选取规则""数据条""色阶""图标集"中的一项应用条件格式,如图 9-17 所示,也可以自己设置新建规则。

图 9-17　设置条件格式

2. 复制条件格式

将格式复制到其他单元格中。先选定包含要复制条件格式的单元格,单击"开始"选项卡→"剪贴板"组中"格式刷"按钮，然后选择要设置格式的单元格。

3. 删除条件格式

要删除一个或多个条件,在"条件格式规则管理器"对话框中选择要删除的规则,单击"删除规则"按钮。

(十)页面设置

单击"页面布局"选项卡→"页面设置"组下的命令,设置页边距、纸张方向、纸张大小等,也可以在"页面设置"对话框中设置。

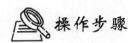 **操作步骤**

本项目要求:某班信息技术成绩在 Excel 进行存储;表格添加框线,表格内外边框线型不同,框线颜色不同;低于 60 分的成绩用红色、加粗、倾斜格式显示,90 分以上(含 90 分)的成绩用蓝色底纹显示;完成页面设置,在两页 A4 纸中将工作表打印出来,第二页中打印表头。

(一)输入数据

1. 选择单元格 A1,输入"成绩单"。

2. 选择单元格区域 A2:I2,在单元格中依次输入"序号""姓名""基础知识""指法""Windows""Word""Excel""成绩""名次"。

3. 在单元格 A3 中输入"1",A4 中输入"2",选择单元格区域 A3:A4,向下拖动填充柄至单元格 A42,完成序号的输入。

4. 选择单元格区域 B3:G42,输入给出的数据。

(二)工作表格式化

选择单元格区域 A1:I1,单击"开始"选项卡→"对齐方式"组中"合并后居中"按钮;选择单元格区域 A2:I42,打开"设置单元格格式"对话框(或按【Ctrl+1】组合键),选择"边框"选项卡,在线条样式区域中选"双线",颜色选"标准色"中"深蓝",预置区域中选"外边框",设置双线"深蓝"色外边框;然后在线条样式区域中选"单细线",颜色选"标准色"中"浅蓝",预置区域中选"内部",设置单线"浅蓝"色内部框线,单击"确定"按钮,边框设置如图 9-18 和图 9-19 所示。

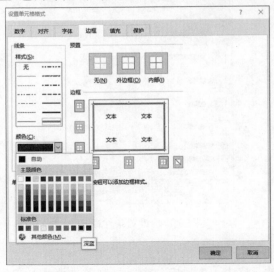

图 9-18　设置外边框效果

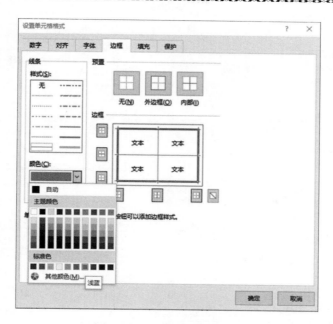

图 9-19　设置内部框线效果

选择单元格区域 A2:I42,设置单元格对齐方式为水平对齐:居中,垂直对齐:居中。

选择单元格区域 A2:I2,设置单元格底纹,填充效果如图 9-20 所示。

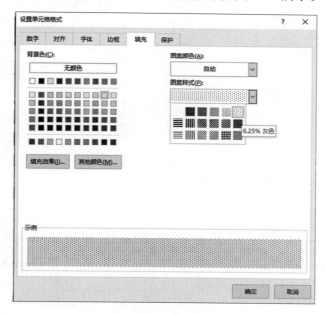

图 9-20　设置填充效果

(三)设置条件格式

选择单元格区域:C3:G42,单击"开始"选项卡→"样式"组中"条件格式"命令,对话框内设置如图 9-21 和图 9-22 所示。

再次使用上述命令,设置第二个条件。也可以使用"管理规则"进行设置第二个条件如图 9-23 和图 9-24 所示。

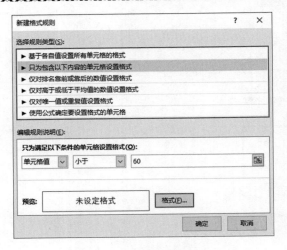

图 9-21　设置条件格式 1

图 9-22　条件 1 格式

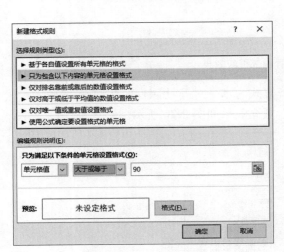

图 9-23　条件 2 格式

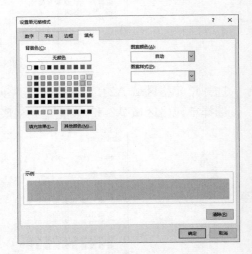

图 9-24　条件 2 格式填充选项卡

使用"条件格式管理器"查看条件格式,如图 9-25 所示。

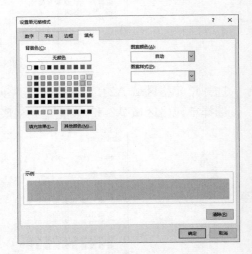

图 9-25　"条件格式规则管理器"对话框

（四）工作表重命名

在工作表标签上右击，选择"重命名"命令，输入新工作表名称：成绩单。

（五）设置行高和列宽

单击"开始"选项卡→"单元格"组中"格式"按钮，在下拉列表中选择"列宽"设置 A 列列宽为 5，B 列至 I 列列宽为 10。"行高"设置 2～42 行行高为 20，1～2 行行高自定。

（六）页面设置

单击"页面布局"选项卡→"页面设置"组对话框启动器，打开"页面设置"对话框，"页面""页边距""页眉/页脚""工作表"各选项卡设置如图 9-26～图 9-29 所示。

图 9-26　设置"页面"

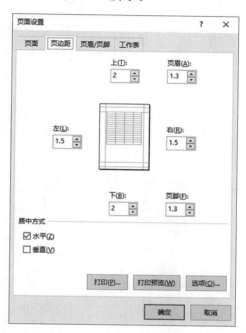

图 9-27　设置"页边距"

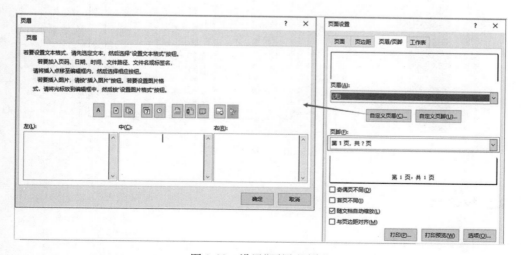

图 9-28　设置"页眉/页脚"

图 9-29 设置"工作表"

预览效果如图 9-30 所示。

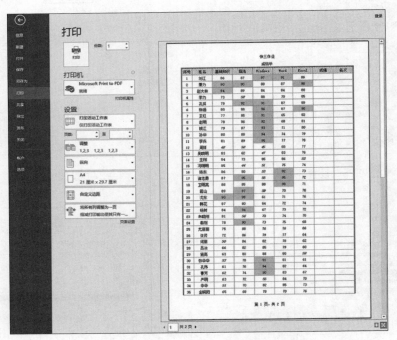

图 9-30 打印预览效果

知识拓展

（一）自定义数据序列

预先定义的数据序列可以直接使用，如"星期日、星期一、星期二、星期三、星期四、星期五、星期六",但对于未预先定义的数据序列,可以用如下方法定义后使用。选择"文件"→"选项"
→"高级"→"编辑自定义列表",如图 9-31 所示,打开"自定义序列"对话框,在输入序列框中输
入自定义的数据序列,如教学部、管理部⋯⋯,每输入完一个数据项后均应按【Enter】键使光标
出现在新的一行,自定义序列输入完毕后,单击"添加"按钮,则自定义的数据序列:教学部、管
理部⋯⋯加到自定义序列列表中,单击"确定"按钮,完成自定义序列的添加,如图 9-32 所示。
在任一单元格中输入数据序列中的一项,然后拖动该单元格的填充柄,即可完成数据序列的输
入,如图 9-33 所示。

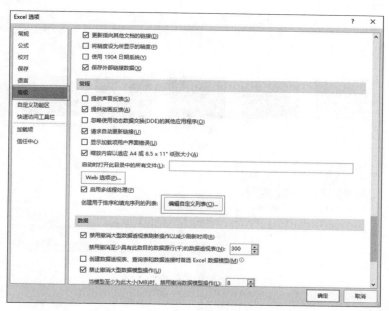

图 9-31　编辑自定义序列

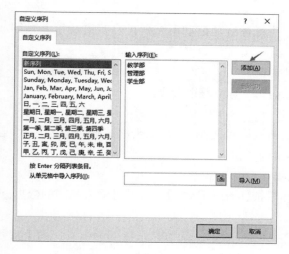

图 9-32　"自定义序列"对话框

图 9-33　利用填充柄填充自定义序列

　　除了直接在"自定义序列"对话框中自定义数据序列之外,还可以将某一单元格区域中已
有的数据定义为一个数据序列,步骤如下:打开"自定义序列"对话框,单击"从单元格中导入序

列"编辑框 ，选择包含有要定义为数据序列的数据，单击"导入"按钮，单击"确定"按钮完成自定义序列的定义。

（二）设置工作表背景

单击"页面布局"选项卡→"页面设置"组中"背景"按钮为工作表设置背景，如图 9-34 所示。工作表背景只能显示，不能打印。删除背景可以使用"页面布局"选项卡→"页面设置"组"删除背景"命令。

图 9-34　"工作表背景"对话框

（三）巧用填充柄

选择一个含有数字的单元格，按住【Ctrl】键的同时用鼠标左键拖动填充柄，可以填充公差为 1 的等差数列。

选择两个含有数字的相邻单元格后，用鼠标右键拖动填充柄可直接进行等差数列或等比数列的填充。

（四）单元格内折行输入（做斜线表头时用）

在编辑栏中需要折行输入的位置，按【Alt＋Enter】组合键。

（五）使用格式刷

格式刷可以复制单元格的格式，单击格式刷可复制一次，双击格式刷可复制多次，若不再用格式刷时，可按【Esc】键或再次单击格式刷按钮。

（六）在选择的区域中输入相同的数据

在选择的区域中先输入一个数据，然后按【Ctrl＋Enter】组合键可输入相同的数据。

（七）调整显示比例

【Ctrl＋鼠标滑轮】（位于鼠标左右键中间）可以迅速调节显示比例的大小。向上滑扩大显示比例，向下滑缩小显示比例。

（八）绘制斜线表头

利用设置单元格格式对话框中"边框"选项卡中"边框"区域设置，如图 9-35 所示。

也可以利用"开始"→"字体"→"边框"下的"绘制边框"沿单元格的对角线绘制。

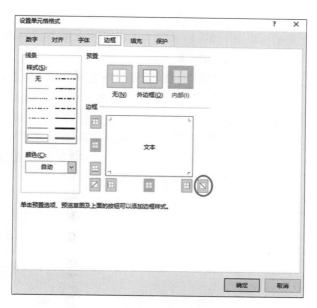

图 9-35　"设置单元格格式"对话框"边框"选项卡

（九）页面布局和分页预览视图

如图 9-36 所示为视图切换按钮。使用页面布局视图，可以添加页眉和页脚，选择在页眉（页脚）的左、中、右的位置进行添加，如图 9-37 和图 9-38 所示。

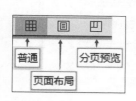

图 9-36　视图切换按钮

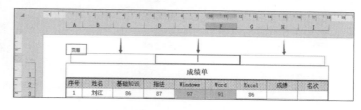

图 9-37　页面布局视图下添加页面

图 9-38　页面布局视图下添加页脚

（十）冻结工作表

当工作表行、列数据较多的情况时，我们向下、向右查看数据时，就会看不到行、列标题，查看数据非常不方便。使用冻结窗格功能来独立显示并滚动工作表中的不同部分，方便数据的查看。冻结窗格的方法：单击"视图"选项卡→"窗口"组中"冻结窗格"按钮，可以选择"冻结首行""冻结首列""冻结窗格"。"冻结首行"指第一行被固定，下面的数据通过滑动鼠标或拖动滚动条查看；"冻结首列"指第一列被固定，右面的数据通过滑动鼠标或拖动滚动条查看；"冻结窗格"是指活动单元格左侧的列和上侧的行被冻结，当查看活动单元格下方和右侧的数据时，可以滑动鼠标或拖动滚动条查看。

（十一）显示隐藏工作表

隐藏工作表中的数据不可见，但仍可以从其他工作表和工作簿中引用。

隐藏工作表和取消隐藏工作表的方法如下：

1. 单击"开始"选项卡→"单元格"组中"格式"按钮→"隐藏和取消隐藏"命令，在弹出的列表框中选择"隐藏工作表"/"取消隐藏工作表"命令。若要取消隐藏的工作表，在出现的"取消隐藏"对话框中选择需取消隐藏的对象，然后单击"确定"按钮，即完成操作。

2. 右击要隐藏的工作表标签，选择隐藏命令。如果要取消隐藏工作表，右击任一可见的工作表，在快捷菜单中选择"取消隐藏工作表"命令，在出现的"取消隐藏"对话框中选择需取消隐藏的对象，然后单击"确定"按钮，如图 9-39 所示。

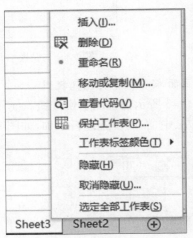

图 9-39　"隐藏和取消隐藏"工作表

项目十　成绩计算及图表使用

项目描述

　　工作中对数据的要求不仅仅是存储和查看，也需要对现有的数据进行加工和计算。在 Excel 中主要应用公式和函数等功能来对数据进行计算。在展示或者分析数据的时候，为了使数据更加清晰、易懂，常常会借助图形来表示。本项目学习公式、函数和图表的使用。

学习目标：

1. 掌握公式的用法。

2. 掌握函数的用法。

3. 了解图表的用法。

能力目标：

1. 能够根据实际情况，创建公式、使用公式。

2. 使用函数解决实际工作问题。

3. 能使用图表功能图形化数据。

素质目标：

1. 在实践中掌握理论知识。

2. 利用科学技术现代化手段来优化学习和工作。

（一）公式

1. 公式的构成

　　公式以等号开头，用于表明之后的字符为公式，紧随等号之后的是需要进行计算的元素（操作数），各操作数之间以运算符分隔。操作数可以是常量、单元格地址、函数。

2. 运算符

　　运算符对公式中的元素进行特定类型的运算。运算符包含四种：算术运算符、比较运算符、文本连接运算符和引用运算符，运算符均应在英文状态下输入。

　　（1）算术运算符

　　用于完成基本的数学运算，连接数字和产生数字结果等，包括+、-、*、/、%、^。

　　（2）比较运算符

　　用于比较两个值。当用运算符比较两个值时，结果是一个逻辑值，TRUE 或 FALSE。比较运算符包括：=（等号）、>（大于号）、<（小于号）、>=（大于等于号）、<=（小于等于号）、<>（不等号）。

（3）文本连接运算符

连接两个字符串。运算符为 &。如单元格中的公式为：="中国"&"天津"，结果为：中国天津。

（4）引用运算符

用于将单元格区域合并计算。

:（冒号），区域运算符，对包括在两个引用之间的所有单元格的引用，如(B5：B15)。

,（逗号），联合运算符，多个引用合并为一个引用，如(B5：B15,D5：D15)。

（空格），交叉运算符，对两个引用共有的单元格的引用，如(B7：D7 C6：C8)。

3. 运算符优先级

公式按特定次序计算数值。Excel 将根据公式中运算符的特定顺序从左到右计算。如果公式中同时用到多个运算符，按运算符由高到低进行运算，相同优先级的运算符（如公式中同时包含乘法和除法运算符）将从左到右进行计算。运算符的优先级由高到低的次序见表 10-1。使用括号可以改变运算符的优先级次序。

表 10-1 运算符及其功能说明

运算符	说　明
:（冒号）（单个空格），（逗号）	引用运算符
-	负号（例如 -1）
%	百分比
^	乘幂
* 和 /	乘和除
+ 和 -	加和减
&	文本连接运算符
= < > <= >= <>	比较运算符

（二）公式的输入和修改

输入公式可在编辑栏完成。编辑栏是位于 Excel 窗口顶部的条形区域，用于输入或编辑单元格或图表中的值或公式。编辑栏中显示了存储于活动单元格中的常量值或公式。修改公式也可在编辑栏或单元格中完成。

（三）单元格引用

1. 单元格引用

用于表示单元格在工作表上所处位置的坐标集。例如，显示在第 B 列和第 3 行交叉处的单元格，其引用形式为"B3"。

2. 单元格引用种类

（1）相对引用

相对引用（例如 A1）是基于包含公式和单元格引用的单元格的相对位置。如果公式所在单元格的位置改变，引用也随之改变。如果多行或多列复制公式，引用会自动调整。

（2）绝对引用

绝对引用（例如$A$1）总是在指定位置引用单元格。如果公式所在单元格的位置改变，绝对引用保持不变。如果多行或多列地复制公式，绝对引用将不做调整。默认情况下，新公式使用相对引用，需要将它们转换为绝对引用。

（3）混合引用

混合引用具有绝对列和相对行，或是绝对行和相对列两种形式。绝对引用列采用$A1、$B1等形式，绝对引用行采用A$1、B$1等形式。如果公式所在单元格的位置改变，则相对引用改变，而绝对引用不变。如果多行或多列地复制公式，相对引用自动调整，而绝对引用不做调整。

（四）函数

1. 函数

函数是一些预定义的公式，通过使用一些称为参数的特定数值来按特定的顺序或结构执行计算。函数可用于执行简单或复杂的计算。可以直接用函数对某个区域内的数值进行一系列运算，如 SUM 函数对单元格或单元格区域进行加法运算。使用函数的最大好处是提高效率，简化公式，看起来一目了然，功能明确，易读性强，适用于执行繁长或复杂计算的公式。

2. 函数的结构

以等号（=）开始，后面紧跟函数名称和左括号，然后以逗号分隔输入该函数的参数，最后是右括号。参数是指在函数中用来执行操作或计算的值。参数可以是数值、文本、逻辑值、数组或单元格引用，给定的参数必须能产生有效的值，参数也可以是常量、公式或其他函数等。个别函数不使用参数，如 TODAY、PI。

3. 输入函数

利用"插入函数"对话框输入函数。对话框将显示函数的名称、各个参数、函数功能，还将显示参数说明、函数的当前结果和整个公式的当前结果。输入方法如下：

（1）单击需要输入函数的单元格。

（2）单击编辑栏中"插入函数"按钮（或"公式"→"函数库"→"插入函数"），将会在编辑栏下面出现一个"插入函数"对话框。也可按【Shift＋F3】组合键。

（3）打开函数列表框，从中选择所需的函数。也可在"搜索函数"框中输入对需要解决的问题的说明，例如输入"数值的和"后，单击"转到"按钮，可以返回 SUM 函数，或浏览"或选择类别"框中的分类。

（4）选择所需的函数，在对话框中输入函数的参数，当输入完参数后，在对话框中还将显示函数计算的结果。若要将单元格引用作为参数输入，单击所需参数旁的"压缩对话框"按钮，以暂时隐藏该对话框，在工作表上选择单元格，然后单击"展开对话框"按钮。若要将其他函数作为参数输入，其输入方法参考知识拓展部分的 SIN 函数的输入。

（5）单击"确定"按钮，即可完成函数的输入。

4. 常用函数

Excel 函数包括财务函数、日期与时间函数、数学和三角函数、统计函数、查找与引用函数、数据库函数、文本函数、逻辑函数、信息函数、工程函数等。本任务学习以下函数：SUM、MAX、MIN、COUNT、AVERAGE、COUNTIF、IF。各函数含义如下：

SUM：返回某一单元格区域中所有数字之和。

MAX：返回一组值中的最大值。

MIN：返回一组值中的最小值。

COUNT：返回包含数字以及包含参数列表中的数字的单元格的个数。

AVERAGE：返回参数的平均值（算术平均值）。

COUNTIF：计算区域中满足给定条件的单元格的个数。

IF：执行真假值判断，根据逻辑计算的真假值，返回不同结果。

（五）图表

Excel 2016 可以根据工作表的数据生成直观的各种图表，图表具有较好的视觉效果，可方便用户查看数据的差异、图案和预测趋势。图表是与生成它的工作表数据相链接的。因此，工作表数据发生变化时，图表也将自动更新。Excel 提供了标准图表类型，每一种图表类型又分为多个子类型，可根据需要选择不同的图表类型表现数据，可以采用对用户最有意义的方式来显示数据。常用的图表类型有：柱形图、折线图、饼图、条形图、面积图、XY 散点图、股价图、曲面图、圆环图、气泡图、雷达图等。

数据系列指在图表中绘制的相关数据点，这些数据源自数据表的行或列。图表中的每个数据系列具有唯一的颜色或图案并且在图表的图例中表示。可以在图表中绘制一个或多个数据系列。饼图只有一个数据系列。图例是一个方框，用于标识为图表中的数据系列或分类指定的图案或颜色。

图表的制作方法如下：选择制作图表的数据，单击"插入"选项卡→"图表"组中要使用的图表类型，然后单击图表子类型，生成图表。生成图表后，选中图表，可出现"图表工具"上下文选项卡，可以使用"图表工具"下的"设计""格式"选项卡对图表进行编辑和修改，如图表类型、图表源数据、添加标题和数据标签等图表元素，以及更改图表的设计、布局或格式。也可以使用快捷菜单进行图表的编辑和修改。

操作步骤

本项目要求如下：

成绩列按"基础知识占30%，指法占15%，Windows 占20%，Word 占20%，Excel 占15%"的比例计算得出；

用函数计算出成绩列的合计、人数、最高分、最低分、平均分以及每个等级下的人数；

用图表（簇状柱形图）将各等级下的人数表示出来。

（一）计算成绩

1. 输入公式

选择 H3 单元格，通过键盘输入=（等号），单击 C3 单元格输入单元格地址（单元格地址也可以通过键盘输入），通过键盘输入*号（乘号）、数字 30 和%（百分号）及+（加号）；继续输入 D3、*、15、%、+，E3、*、20、%、+，F3、*、20、%、+ ，G3、*、15、%，结果如下：=C3*30%+D3*15%+E3*20%+F3*20%+G3*15%，单击编辑栏上的"输入"按钮。若在输入过程中错误较多，可以单击"取消"按钮取消输入操作。

2. 复制公式

选择 H3 单元格。将鼠标指针停在填充柄上，鼠标指针的形状为细十字，按动鼠标左键向下拖动至单元格 H42，完成公式复制。

（二）利用函数求出成绩列的总分、人数、平均分、最高分、最低分

1. SUM 函数

在单元格 H43 输入＝SUM(H3:H42)。输入过程如下：单击编辑栏上的"插入函数"按钮，弹出"插入函数"对话框，如图 10-1 所示，"选择类别"中选择"全部"，"选择函数"中"SUM"，单击"确定"按钮，弹出"函数参数"对话框，参数如图 10-2 所示。

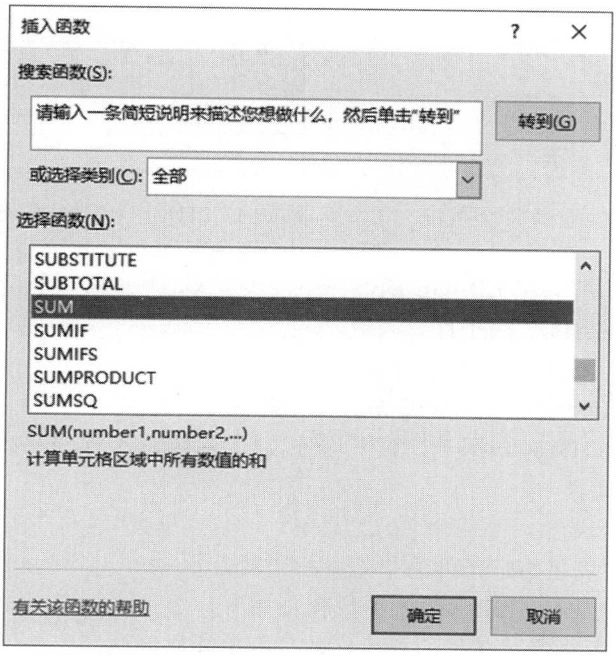

图 10-1　"插入函数"对话框

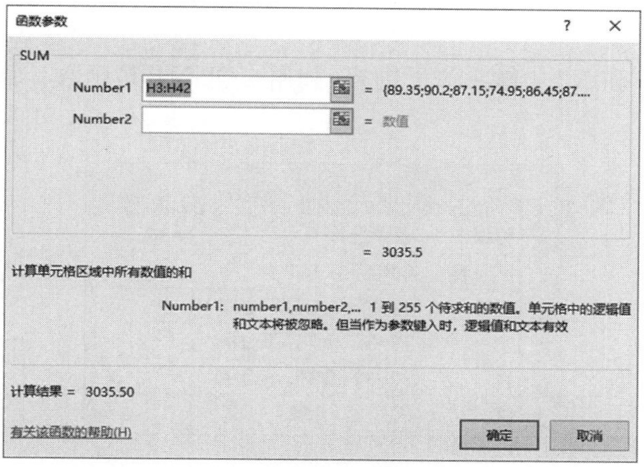

图 10-2　SUM 函数参数设置

　　SUM 函数的输入时也可以利用"公式"选项卡→"函数库"组中"自动求和"按钮，如图 10-3 所示，方法如下：选择 H43，单击"自动求和"按钮下的"求和"项，单元格内直接显示出公式，单元格地址高亮显示，如图 10-4 所示，此时可以更改参数，本题也可以直接单击编辑栏中的"输入"按钮确认输入。利用插入函数对话框"搜索函数"文本框，输入需求，Excel 可以推荐相应

的函数。

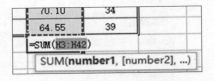

图 10-3　"自动求和"按钮　　　　图 10-4　"自动求和"按钮使用图

2. COUNT、MAX、MIN、AVERAGE 函数

H44：=COUNT（H3：H42）用于计算人数。

H45：=MAX（H3：H42）用于计算最高分。

H46：=MIN（H3：H42）用于计算最低分。

H47：=AVERAGE（H3：H42）用于计算平均分，以上函数输入与 SUM 函数输入方法相同。

（三）COUNTIF 函数

1. COUNTIF

功能：计算区域中满足给定条件的单元格的个数。

语法：COUNTIF（range，criteria）各参数含义如下。

Range：需要计算其中满足条件的单元格数目的单元格区域。

Criteria：确定哪些单元格将被计算在内的条件，其形式可以为数字、表达式或文本。例如，条件可以表示为 32、"32"、">32" 或 "文本"。"为英文状态下双引号。

2. 输入过程

在单元格 L2：M7 和 N2 中输入如下内容，利用 COUNTIF 函数计算每个等级下的人数，如图 10-5 所示。

	L	M	N
2	等级	成绩统计	人数
3	不及格	60以下（<60）	
4	及格	60-70（含60，不含70）	
5	中	70-80（含70，不含80）	
6	良	80-90（含80，不含90）	
7	优	90以上（含90）	

图 10-5　L2：M7 中的内容

选择 N3 单元格，选择"公式"选择卡→"函数库"组中"插入函数"命令（或按【Shift＋F3】组合键），在"插入函数"对话框中选择 COUNTIF 函数，在 COUNTIF 函数参数对话框中输入内容如图 10-6 所示。单元格 N3 中的函数为：=COUNTIF（H3：H42，"<60"）。

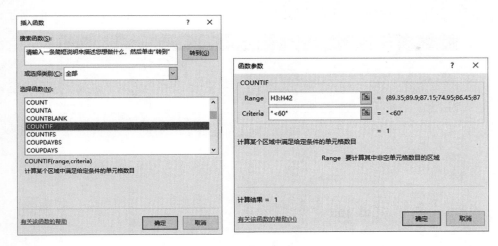

图 10-6 COUNTIF 函数参数设置

单元格 N4 中的函数为:=COUNTIF(H3:H42,"<70")- COUNTIF(H3:H42,"<60"),输入方法如下:选择 N4,单击"公式"选项卡→"函数库"组中"插入函数"命令,在插入函数对话框中选择 COUNTIF,在"函数参数"对话框中输入以下参数:range 中参数为 H3:H42,criteria 的参数为"<70",将光标定位在编辑栏上函数结尾处右括号后,用键盘输入减号,在编辑栏中的名称框位置上选择 COUNTIF,在"函数参数"对话框中输入以下参数:range 中参数为 H3:H42,criteria 的参数为"<60",完成输入。

这样输入公式:=COUNTIF(H3:H42,">=60")- COUNTIF(H3:H42,">=70"),也可以得到相同的结果。

单元格 N5:N7 的公式参照 N3、N4。

也可以使用 COUNTIFS 函数,参数如图 10-7 所示。

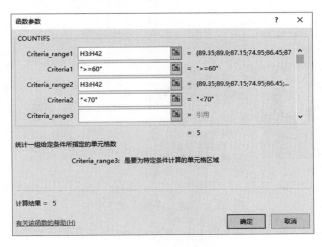

图 10-7 COUNTIFS 函数参数设置

（四）图表

先选择单元格区域 L2:L7,后按住【Ctrl】键选择 N2:N7,单击"插入"选项卡→"图表"组的对话框启动器"查看所有图表",打开"插入图表"对话框,选择"柱形图",如图 10-8 和图 10-9

所示。也可以在图表组中使用"插入柱形图或条形图"按钮，插入柱形图，如图 10-10 所示。

10-8　插入图表

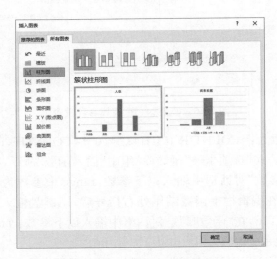

图 10-9　"插入图表"对话框

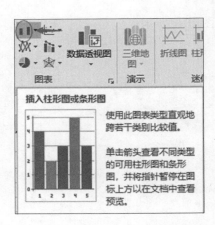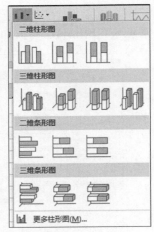

图 10-10　插入柱形图或条形图

　　选中图表后，会出现"图表工具"的上下文选项卡，如图 10-11 所示。若图表数据选择不当，可单击"图表工具/设计"选项卡→"数据"组中"选择数据"命令，在对话框中进行修改，如图 10-12 所示。

　　图表元素包括图表标题、水平轴、垂直轴、图表区、系列等，图表元素名称和图表上的对应关系可以通过"图表工具/格式"选项卡→"当前所选内容"组中的"图表元素"进行查看，也可以在图表中选中某一个图表对象后看一下"图表标题"中显示的内容，如图 10-13 所示。

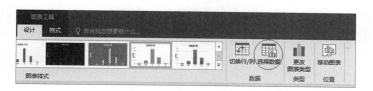

图 10-11　"图表工具"上下文选项卡

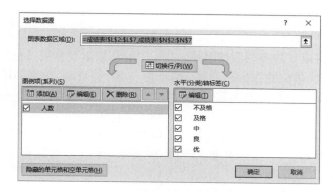

图 10-12　选择数据源对话框

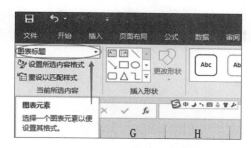

图 10-13　"格式"选项卡中的"图表元素"

　　图表的其他元素修改可以使用"图表工具/设计"选项卡→"图表布局"组中"添加图表元素"下拉列表中的内容进行修改。或者在选中图表后,利用图表右上角的"图表元素"按钮添加、删除或更改图表元素(如图表坐标轴、坐标轴标题、图表标题、数据标签、数据表、误差线、网格线、图例、趋势线等);"图表样式"按钮进行设置图表的样式和配色方案;"图表筛选器"进行编辑图表上显示哪些数据点和名称,生成图表效果如图 10-14 所示。

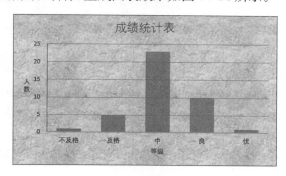

图 10-14　图表效果

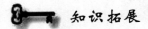

知识拓展

(一)输入名次列

1. RANK

返回一个数字在数字列表中的排位。数字的排位是其大小与列表中其他值的比值。

语法:RANK(number,ref,order),各参数含义如下。

number:需要找到排位的数字。

ref:数字列表数组或对数字列表的引用。Ref 中的非数值型参数将被忽略。

order:一数字,指明排位的方式。如果 order 为 0(零)或省略,数字的排位是基于 ref 为按照降序排列的列表。如果 order 不为零,数字的排位是基于 ref 为按照升序排列的列表。

> **说明:**函数 RANK 对重复数的排位相同。但重复数的存在将影响后续数值的排位。例如,在一列按升序排列的整数中,如果整数 10 出现两次,其排位为 5,则 11 的排位为 7(没有排位为 6 的数值)。

2. 在单元格 I3 中输入公式

=RANK(H3,H3:H42),如图 10-15 所示。在编辑栏中选中单元格地址 H3:H42,设为绝对引用$H$3:$H$42(使用【F4】功能键),单击"确定"按钮确认输入,此时 I3 仍为活动单元格,向下拖动填充柄复制公式至 I42。

图 10-15　RANK 函数参数

(二)利用 IF 函数输入等级

1. IF 函数

功能:执行真假值判断,根据逻辑计算的真假值,返回不同结果。

语法:IF(logical_test,value_if_true,value_if_false) 各参数含义如下。

Logical_test:表示计算结果为 TRUE 或 FALSE 的任意值或表达式。通常为表达式,如 H3<60。

Value_if_true:logical_test 为 TRUE 时返回的值,如"不及格"。Value_if_true 也可以是其他公式。

Value_if_false:logical_test 为 FALSE 时返回的值,如"及格"。Value_if_false 也可以是

其他公式。

2. 成绩的输入

完成两档成绩的输入,成绩小于 60,等级为不及格,成绩大于等于 60,等级为及格;选择单元格 I3,选择"公式"选项卡→"函数库"组中"插入函数"命令,完成两档成绩的输入,如图 10-16 所示。

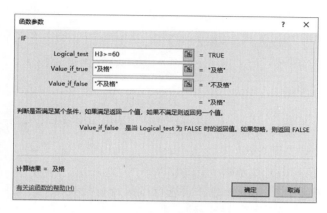

图 10-16　IF 函数参数设置

3. 在单元格中显示公式内容

选择"公式"选项卡→"公式审核"组中"显示公式"命令(快捷键是【Ctrl+`】),单元格中将显示公式的内容,再次使用此命令,将会显示公式的值。

(三)函数的嵌套

在某些情况下,可能需要将函数作为另一函数的参数使用,称为函数的嵌套。使用方法为:单击需要嵌入函数的参数框→名称框中需要的函数名称。如利用 IF 函数实现多档成绩的判断,根据表 10-2 的五档成绩及分类,在单元格中输入公式:

=IF(H3<60,"不及格",IF(H3<70,"及格",IF(H3<80,"中",IF(H3<90,"良","优"))))

表 10-2　五档成绩及等级

成　　绩	等　　级
小于 60	不及格
大于等于 60 且小于 70	及格
大于等于 70 且小于 80	中
大于等于 80 且小于 90	良
大于等于 90	优

如果查看公式的计算顺序中嵌套公式的不同部分的值,可选择"公式"选项卡→"公式审核"组中"公式求值"命令。选择要求值的单元格(一次只能计算一个单元格的值),单击"求值"按钮以验证下划线引用的值,计算结果将以斜体显示。如果公式的下划线部分是对其他公式的引用,单击"步入"以在"求值"框中显示其他公式。单击"步出"返回以前的单元格或公式,如图 10-17 所示。

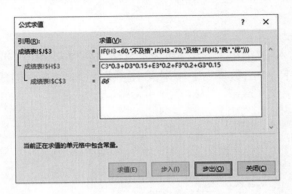

图 10-17　公式求值对话框

　　继续操作,直到公式的每一部分都已求值完毕。若要再次查看计算过程,单击"重新启动"按钮;要结束求值,单击"关闭"按钮。

　　(四)公式中错误值及其产生原因

　　Excel 会对用户在单元格中输入的公式进行可执行行检查,当公式不能正确地计算出结果时就会显示一个错误值,提示用户检查输入的公式并进行相应的修改。常见的错误值产生的原因及其解决方法如表 10-3 所示。

表 10-3　常见错误值的产生原因及其解决方法

错误值	产生原因	解决方法
＃＃＃＃	单元格所含的数字、日期或时间比单元格宽或者单元格的日期时间公式产生了一个负值	增加列的宽度,使结果能够完全显示;应用不同的数字格式;保证日期与时间公式的正确性
＃DIV/0!	当公式中出现被零除时	修改原公式的除数为非 0 数
＃VALUE!	使用错误的参数或运算对象类型时,或者当公式自动更正功能不能更正公式时	确认公式或函数所需的运算符或参数正确,并且公式引用的单元格中包含有效的数值
＃REF!	删除了被公式引用的单元格范围	恢复被引用的单元格范围,或是重新设定引用范围
＃N/A	无信息可用于所要执行的计算	在等待数据的单元格内填充上数据
＃NAME?	在公式中使用了 Excel 所不能识别的文本	确认使用的名称确实存在;修改拼写错误
＃NUM!	提供了无效的参数给工作表函数	确认函数中使用的参数类型正确
＃NULL!	试图为两个并不相交的区域指定交叉点	如果要引用两个不相交的区域,使用逗号

　　(五)使用技巧

　　1. 巧用"求和"按钮

　　计算图 10-18 中所示单元格区域 B2∶C3 及 E5∶E6 中的值的和。选择单元格 B7,用于存放求和结果,单击"开始"选项卡→"编辑"组中"自动求和"按钮(或"公式"选项卡→"函数库"组中"自动求和"按钮)下的"求和"项,B7 单元格内出现的公式中单元格地址高亮显示,用【Del】键删除函数参数中默认的单元格地址后,在屏幕上选择第一个单元格区域 B2∶C3,然后按住

【Ctrl】键,此时函数参数自动添加逗号,然后在屏幕上选择单元格地址 E5:E6,再单击"确认"按钮即可完成求和操作,如图 10-18 所示。

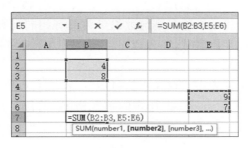

图 10-18　自动求和按钮使用效果

2. 巧用状态栏

使用单元格或单元格区域引用时,在状态栏上可以直接查看单元格区域数值之和、平均值、计数、计数值,如图 10-19 所示。

图 10-19　状态栏显示选择区域的统计结果

3. F4 功能键

在公式栏中选择单元格地址,将之变成黑色,按【F4】功能键,单元格地址在相对引用(A1)、绝对引用($A$1)、混合引用(A$1、$A1)之间变换。

4. 日期可以进行减法运算

Excel 可将日期存储为可用于计算的序列号。默认情况下,1900 年 1 月 1 日的序列号为1,2021 年 1 月 20 日的序列号为 44216,因为它距 1900 年 1 月 1 日有 44216 天。图 10-20 的单元格中显示的是日期格式及公式结果,图 10-21 单元格中显示的是日期的常规格式及公式。

	A	B	C
1	2021-1-20	2000-6-1	7538

图 10-20　日期格式及公式结果

	A	B	C
1	44216	36678	=A1-B1

图 10-21　日期的常规格式及公式

5. 输入函数

当已知函数名称时,也可以这样输入函数,在单元格中先输入等号和函数名称,然后按【Ctrl ＋A】组合键,会弹出针对此函数的"函数参数"对话框。

6. 以计算结果替换公式的一部分

单击包含公式的单元格,在编辑栏中,选定公式中需要用计算结果替换的部分。在选择时,要包含公式运算符两侧的式子。如选择一个函数,那么必须要选定整个函数名称及其参数,以及左圆括号和右圆括号,如果要显示选定部分的计算结果,则按【F9】键。要保持原来的公式,则按【Esc】键。

7. 数组公式

数组公式对一组或多组值执行多重计算,并返回一个或多个结果。数组公式括于大括号({ }) 中。按【Ctrl＋Shift＋Enter】组合键可以输入数组公式。可用数组公式执行多个计算而生成单个结果。输入方法如下：单击需输入数组公式的单元格，输入数组公式，按【Ctrl＋Shift＋Enter】组合键。如公式{=SUM(A1:A3*B1:B3)}表示 A1、A2、A3 分别与 B1、B2、B3 相乘后相加，若 A1、A2、A3、B1、B2、B3 中的值分别为 1、2、3、4、5、6，则函数的结果为 32。如果要使数组公式能计算出多个结果必须将数组输入到与数组参数具有相同列数和行数的单元格区域中，选中需要输入数组公式的单元格区域，输入数组公式，按【Ctrl ＋Shift＋ Enter】组合键。

8. 三维引用样式

要在公式中引用另一工作表中某单元格值可用"工作表名! 单元格地址"的格式来实现。如公式"=Sheet2! B5"表示引用 Sheet2 工作表的单元格 B5 的值。其中"Sheet2!"可单击工作表标签时自动添加。

（六）常用数学函数简介

数学函数是指针对数学运算而预定义的公式。在使用数学函数的过程中，将多个函数联合使用，会起到事半功倍的效果，表 10-4 为常用数学函数及其含义。

表 10-4　常用数学函数及含义

函　　数	含　　义
RADIANS	将度转换为弧度
PI	返回 Pi 值
SIN	返回给定角度的正弦值
COS	返回数字的余弦值
TAN	返回数字的正切值
ABS	返回数字的绝对值
SQRT	返回正平方根

1. RADIANS

功能：将角度转换为弧度。

语法：RADIANS(angle)。各参数含义如下：

angle 为需要转换成弧度的角度。例在单元格中输入公式：=RADIANS(180)，将角度 180 度转换为弧度（3.141 592 653 589 79 或 π 弧度）。

2. PI

功能：表示圆周率 π。返回数字 3.141 592 653 589 79，即数学常量 PI，精确到小数点后 14 位。

语法：PI()。此函数没有参数。例在单元格中输入公式：=PI()，结果为 3.141 592 653 589 79，单元格中输入公式：=PI()/2，结果为 1.570 796 327。计算圆的面积，可以在单元中输入公式：=PI()*(A2^2)，其半径 A2 中的值为 3，结果为 28.274 333 88。

3. SIN

功能：返回给定角度的正弦值。

语法：SIN(number)，各参数含义如下：

Number 为需要求正弦的角度，以弧度表示。如果参数的单位是度，则可以乘以 PI()/180 或使用 RADIANS 函数将其转换为弧度。

在单元格中输入公式：=SIN(PI()/2)，表示计算 pi/2 弧度的正弦值，结果为 1。若要计算

30 度的正弦值,可以在单元格中输入公式:=SIN(30* PI( )/180)或=SIN(RADIANS(30)),结果为 0.5。

4. COS

功能:返回数字的余弦值

语法:COS(number) 各参数含义如下。

Number 为需要求余弦的角度,以弧度表示。如果参数的单位是度,则可以乘以 PI( )/180 或使用 RADIANS 函数将其转换成弧度。

如"=COS(1.047)"表示计算 1.047 弧度的余弦值,结果为 0.500171。60 度的余弦值可以在单元格中输入公式:=COS(60*PI( )/180)或=COS(RADIANS(60)),结果为 0.5。

5. TAN

功能:返回数字的正切值。使用方法与函数 SIN、COS 相同

6. ABS

功能:返回数字的绝对值。绝对值没有符号。

语法:ABS(number),各参数含义如下。

number 为需要计算其绝对值的实数。

例"=ABS(2)"表示计算数值 2 的绝对值,结果为 2。"=ABS(-2)"表示计算数值-2 的绝对值,结果为 2。

7. SQRT

功能:返回正平方根。

语法:SQRT(number),各参数含义如下。

number 为要计算平方根的数。

说明:如果参数 Number 为负值,函数 SQRT 返回错误值 ♯NUM!。

例"=SQRT(ABS(A2))"表示计算 A2 绝对值的平方根,A2 中的值为-16,结果为 4。"=SQRT(A2)"表示计算 A2 的平方根,A2 中的值为-16,因为该数是负数,所以返回一个错误值 ♯NUM!。

(七)迷你图

与 Excel 工作表上的图表不同,迷你图不是对象,它实际上是单元格背景中的一个微型图表。选择要在其中插入一个或多个迷你图中的一个空白单元格或一组空白单元格,在"插入"选项卡"迷你图"组中,单击要创建的迷你图的类型:"折线图"、"柱形图"或"盈亏图",在数据区域框中,输入包含迷你图所剩余的数据的单元格区域,完成迷你图的创建。当在工作表上选择一个或多个迷你图时,出现"迷你图工具",并显示"设计"选项卡及"迷你图"、"类型"、"显示"、"样式"和"分组"。使用这些命令可以创建新的迷你图、更改其类型、设置其格式、显示或隐藏折线迷你图上的数据点,或者设置迷你图组中的垂直轴的格式。

项目十一　成绩统计与分析

 项目描述

　　从大量的数据中获得有用的信息,需要沿着某种思路运用对应的技巧和方法进行科学的分析,展示出需要的结果。本项目学习 Excel 的排序、筛选、分类汇总、数据透视图表,它们能对表格中的数据做进一步的归类与统计。

 项目目标

学习目标:
1. 了解数据清单的概念。
2. 掌握排序、分类汇总和筛选的使用方法。
3. 掌握数据透视表的使用方法。
能力目标:
1. 有使用排序和分类汇总的方法解决问题的能力。
2. 会筛选,找出满足条件的数据。
3. 能够使用数据透视表解决实际问题。
素质目标:
1. 运用信息技术手段解决实际问题。
2. 从基础数据中提取有效信息,为预测、决策工作提供数据依据。
3. 努力掌握科学知识,提高自身内在素质。

 知识储备

(一)数据清单
1. 数据清单
　　是包含相关数据的一系列工作表数据行,它可以像数据库一样使用,其中行表示记录,列表示字段,其第一行中含有列标。
　　2. 数据清单的特征
　　(1)避免在一个工作表上建立多个数据清单。
　　(2)在工作表的数据清单与其他数据间,至少留出一个空白行或一个空白列。
　　(3)数据清单中不要有空白行或空白列。
　　(4)在数据清单的第一行里创建列标志。
　　(5)每列应为同类信息。

（二）排序

1. 排序

对数据清单排序能够使它按照一定的顺序排列显示，这样有利于浏览和应用。可以按列排序，也可以按行排序，默认的是按列排序，并按字母顺序对数据清单排序。

2. 默认升序排序次序

数字：数字从最小的负数到最大的正数进行排序。

字母：按字母先后顺序排序。

字母与数字混合：在按字母先后顺序对文本项进行排序时，Excel 从左到右一个字符一个字符地进行排序。

逻辑值：在逻辑值中，FALSE 排在 TRUE 之前。

错误值：所有错误值的优先级相同。

空格：空格始终排在最后。

汉字：可选择按拼音字母排序或按笔画排序。

3. 按一列数据排序

若只需要按一列数据排序，可以将活动单元格定位在该列，使用"数据"→"排序和筛选"组中"升序"和"降序"按钮来实现。

4. 按多列数据排序

按多列数据排序，需使用"数据"→"排序和筛选"组中"排序"按钮，打开"排序"对话框实现。

（三）分类汇总

分类汇总即将一个复杂的数据清单中的多类数据进行分类，然后再根据不同的类型对数据进行汇总。利用此功能可以创建数据组、显示一级或多级的分类汇总及总和、在数据组上执行求和等各种计算。分类汇总前先排序，以便将要进行分类汇总的行组合到一起。撤销分类汇总只需在分类汇总对话框中选择"全部删除"按钮，就可将所有分类汇总撤销。

（四）筛选

筛选是指用列标志的过滤功能，从数据清单中自动检索到需要的信息。筛选功能可将满足指定条件的行在数据清单中显示出来，而那些不满足指定条件的行则会暂时隐藏起来。满足指定条件的行号颜色为蓝色。自动筛选用于简单的过滤工作，高级筛选用于相对复杂的筛选工作。

"高级筛选"命令不显示列的下拉列表，但要在数据清单中建立条件区域。条件区域是包含一组搜索条件的单元格区域，它必须有一个条件标志行，而且至少有一行用来定义搜索条件。在条件区域中，同一行的条件彼此之间是"逻辑与"的关系，不同行的条件彼此之间是"逻辑或"的关系。

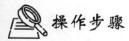 操作步骤

对成绩单进行分析、统计，要求如下。

1. 成绩列按"班级"、"性别"及"成绩"由高到低排序。

2. 统计各班"成绩"项平均分。

3. 显示出班级为二班并且成绩 80～90 分（含 80 分不含 90 分）的记录。

4. 显示出班级为二班或成绩 80～90 分（含 80 分不含 90 分）的记录。

（一）排序

成绩按"班级"、"性别"及"成绩"由高到低排序。

（1）在需要排序的区域中，单击任一单元格。

（2）单击"数据"选项卡→"排序和筛选"组中"排序"按钮。

（3）在"主要关键字"和"次要关键字"框中，单击需要排序的列（从最重要的列开始），设置过程如图 11-1 和图 11-2 所示。

图 11-1　"排序"对话框

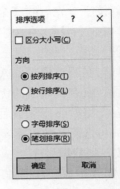

图 11-2　"排序选项"对话框

（4）单击"选项"按钮选择所需的其他排序选项，然后单击"确定"按钮。排序结果如图 11-3 所示。

序号	姓名	班级	性别	基础知识	指法	Windows	Word	Excel	成绩
				成绩单					
10	孙华	一	女	80	88	94	74	79	82.65
22	杨树	一	女	84	94	67	73	72	78.10
16	陈东	一	女	86	80	53	92	73	77.75
4	李力	一	女	73	58	88	70	85	74.95
28	昌冰	一	女	66	82	85	79	60	73.90
34	华华	一	女	51	70	82	85	73	70.15
1	刘江	一	男	86	87	97	91	86	89.35
7	王红	一	男	77	85	91	65	82	79.35
19	蒋山	一	男	89	97	59	70	78	78.75
25	尤丽丽	一	男	75	88	76	76	66	76.00
31	孔伟	一	男	61	76	94	82	64	74.50
13	吴晓明	一	男	83	62	47	83	76	71.60
37	陶雨	一	男	67	64	70	72	82	70.40
2	萧力	二	女	90	90	88	87	98	90.20
20	沈东	二	女	90	98	61	71	76	79.50
14	王刚	二	女	84	73	85	86	52	78.15
26	许芹	二	女	72	86	79	77	64	75.30
32	曹芳	二	女	62	74	90	83	67	74.35
5	孔祥	二	男	79	92	91	87	89	86.45
11	李兵	二	男	81	89	95	77	78	83.75
17	诸志勇	二	男	87	95	55	95	72	81.15
8	赵明	二	男	78	86	92	68	81	80.45
29	施亮	二	男	63	80	88	80	58	73.20
23	朱晓刚	二	男	81	56	70	74	70	72.00
35	金晓阳	二	男	65	68	78	70	76	70.70
38	陈燕	二	男	54	62	66	73	85	66.05
6	张强	三	女	80	88	96	87	90	87.30
24	秦刚	三	女	78	90	73	75	68	76.70
30	张华华	三	女	53	78	91	81	61	71.15
36	魏东	三	女	66	66	74	71	79	70.55
40	周明月	三	女	75	58	58	75	45	64.55
12	周祥	三	女	40	50	45	60	77	52.05
3	赵大林	三	男	94	89	84	84	80	87.15
18	卫明亮	三	男	88	85	88	98	71	87.00
9	钱江	三	男	79	87	93	71	80	81.55

图 11-3 排序效果

（二）分类汇总

统计各班成绩平均分。利用分类汇总功能实现，步骤如下。

1. 以"班级"为关键字进行排序。

2. 单击"数据"选项卡→"分级显示"组中"分类汇总"按钮。分类汇总对话框设置如图 11-4 所示。

3. 分类汇总结果如图 11-5 所示。

图 11-4　"分类汇总"对话框　　　　　　　　　　图 11-5　分类汇总效果

可以利用分级显示符号 1 2 3 、+ 和 - 查看分级显示结果。

（三）筛选

1. 显示出班级为二班并且成绩在 80～90 分（含 80 分不含 90 分）的记录。

利用自动筛选实现，步骤如下。

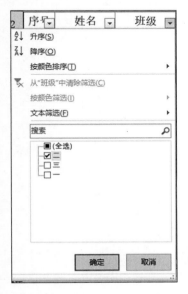

（1）在需要筛选的区域中，单击任一单元格。

（2）单击"数据"选项卡→"排序和筛选"组中"筛选"命令，班级列及成绩列按如下筛选条件设置即可达到题目要求，如图 11-6 和图 11-7 所示。

（3）筛选结果如图 11-8 所示。

2. 显示出班级为二班或成绩在 80～90 分（含 80 分不含 90 分）的记录。

利用高级筛选实现，步骤如下：

（1）创建高级筛选条件区域（高级筛选条件区域与数据清单之间至少留出一个空白行或一个空白列），如图 11-9所示。

（2）选择"数据"选项卡→"排序和筛选"组中"高级"命令，对话框内设置如图 11-10 所示：

图 11-6　"班级列"自动筛选

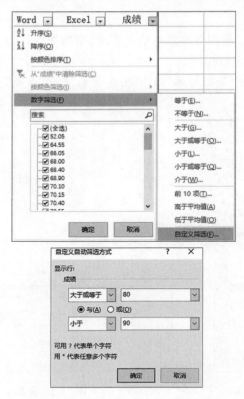

图 11-7 "成绩列"自定义自动筛选方式

	A	B	C	D	E	F	G	H	I	J
1	成绩单									
2	序	姓名	班级	性别	基础知识	指法	Windows	Word	Excel	成绩
7	5	孔祥	二	男	79	92	91	87	89	86.45
10	8	赵明	二	男	78	86	92	68	81	80.45
13	11	李兵	二	男	81	89	95	77	78	83.75
19	17	诸志勇	二	男	87	95	55	95	72	81.15

图 11-8 自动筛选效果

	C	D	E
45	班级	成绩	成绩
46	二		
47		>=80	<90

图 11-9 高级筛选条件区域

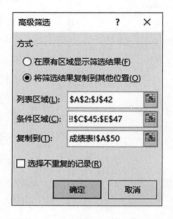

图 11-10 "高级筛选"对话框

知识拓展

（一）数据透视表

数据透视表是交互式报表，不必写入复杂的公式，可以使用向导创建一个交互式表格来自动提取、组织和汇总数据；可旋转其行和列以看到源数据的不同汇总，而且可显示感兴趣区域的明细数据；也可以使用报表分析数据并进行比较、检测样式和关系，分析趋势；如果要分析相关的汇总值，尤其是在要合计较大的数字清单并对每个数字进行多种比较时，可以使用数据透视表。

数据透视图是一种交互式图表，它以类似数据透视表的方式通过图形化的方法来查看和重排数据，利用数据透视表可以创建数据透视图。

图 11-11　"数据透视表字段"对话框

创建数据透视表时，Excel 会显示"数据透视表字段"对话框，如图 11-11 所示。可以将字段添加到数据透视表、根据需要重新排列和重新定位字段，或者从数据透视表中删除字段。默认情况下，数据透视表字段列表显示两个部分：上半部分是字段部分，用于在数据透视表中添加和删除字段，下半部分是布局部分，用于重新排列和重新定位字段，可以将数据透视表字段列表停靠在 Excel 窗口的任意一侧，然后沿水平方向调整其大小；也可以取消停靠数据透视表字段列表，此时既可以沿垂直方向也可以沿水平方向调整其大小。

将一个字段移动到字段列表中的"报表筛选"区域，会同时将该字段移动到数据透视表中的"报表筛选"区域；将一个字段移动到字段列表中的"列标签"区域，会同时将该字段移动到数据透视表中的"列标签"区域；将一个字段移动到字段列表中的"行标签"区域，会同时将该字段移动到数据透视表中的"行标签"区域；将一个字段移动到字段列表中的"值"区域，会同时将该字段移动到数据透视表中的"值"区域。

在数据透视表字段列表中移动字段的准则包括：

（1）值字段：如果只选中数值字段的复选框，那么默认情况下该字段将移至"值"区域。

（2）行和列字段：无论字段的数据类型是数值还是非数值，一个字段只能添加到"报表筛选"、"行标签"或"列标签"区域一次。如果试图将同一字段多次添加到这些区域（例如，添加到布局部分中的"行标签"和"列标签"区域），那么该字段将自动从原来的区域中移出，并放入新区域。

（二）统计各班男生及女生人数

利用数据透视表功能实现统计要求，步骤如下。

1. 单击"插入"选项卡→"表格"组中"数据透视表"按钮，在下拉列表中选择"数据透视表"命令。打开"创建数据透视表"对话框，对话框设置如图 11-12 所示，图 11-13 为数据透视表。

　　在"数据透视表字段"对话框中,将"班级"拖动到"行标签","性别"拖动"列标签"。"成绩"(要汇总其数据的字段)拖动到"数值"区。若要删除字段,请将其拖到对话框之外。

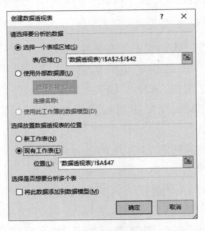

图 11-12　创建数据透视表对话框

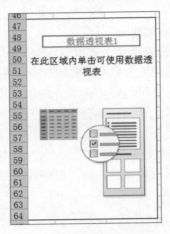

图 11-13　数据透视表

　　2. 设置数据透视表"值字段设置"对话框选项,如图 11-14 所示。完成后效果如图 11-15 所示。

图 11-14　数据透视表字体设置对话框

计数项:成绩	列标签		
行标签	男	女	总计
一	7	6	13
二	8	5	13
三	8	6	14
总计	23	17	40

图 11-15　数据透视表效果

（三）D类函数

Excel中包含了一些工作表函数，用于对存储在列表或数据库中的数据进行分析，这些函数统称为Dfunctions，每个函数均有三个参数：database、field和criteria。这些参数指向函数所使用的工作表区域。可以通过插入函数对话框中选择类别："数据库"类输入该类函数。以DCOUNTA为例，其功能为返回数据库或数据清单的指定字段中，满足给定条件的非空单元格数目。语法：DCOUNTA(database , field , criteria)，参数：

database：构成数据清单或数据库的单元格区域。

field：指定函数所使用的数据列。field可以是文本，即两端带引号的标志项；此外，field也可以是代表数据清单中数据列位置的数字：1表示第一列，2表示第二列等。如果忽略field，则DCOUNTA将返回符合条件的所有记录的计数。如果包含field，则DCOUNTA只会返回在field中有值且符合条件的记录。

以上一个项目为例，在单元格L2中输入"班级"、L3中输入"一"，单元格M3中输入公式=DAVERAGE(A2:J42,"成绩",L2:L3)，单元格中的值与分类汇总中的结果一致。其他D类函数的功能见表11-1。

表11-1　D类函数功能表

函　　数	功　　能
DAVERAGE	返回选定数据库项的平均值
DCOUNT	计算数据库中包含数字的单元格个数
DCOUNTA	计算数据库中非空单元格的个数
DGET	从数据库中提取满足指定条件的单个记录
DMAX	返回选定数据库项中的最大值
DMIN	返回选定数据库项中的最小值
DPRODUCT	将数据库中满足条件的记录的特定字段中的数值相乘
DSTDEV	基于选定数据库项中的单个样本估算标准偏差
DSTDEVP	基于选定数据库项中的样本总体计算标准偏差
DSUM	对数据库中满足条件的记录的字段列中的数字求和
DVAR	基于选定的数据库项的单个样本估算方差
DVARP	基于选定的数据库项的样本总体估算方差
GETPIVOTDATA	返回存储于数据透视表中的数据

（四）保护、撤销保护工作表

我们经常会用Excel做一些重要的资料整理，比如工资单、销售额等，这些数据不能被改动，需要对工作表进行保护，进而能够限制别人对Excel进行的操作。

1.保护工作表方法有两种

方法一：单击"审阅"选项卡→"保护"组中"保护工作表"按钮，打开"保护工作表"对话框，需要设定一个取消保护工作表时的密码（也可以不设置密码），以及保护工作表后允许进行的操作，勾选"允许的操作"复选框，若设置密码，需要输入两次相同的密码。

如果再在工作表页面中输入数据或修改数据时,会弹出"该工作表被保护"的提示信息。

方法二:在要保护的工作表标签上右击,在弹出的列表中单击"保护工作表"命令,打开"保护工作表"对话框,后面的步骤和方法一相同。

2. 取消工作表的保护有两种

方法一:单击"审阅"选项卡→"保护"组中"撤销工作表保护"按钮,打开"撤销工作表保护"对话框,输入保护密码,在编辑框中输入设定"保护工作表"时的密码,单击"确定"按钮。

方法二:在保护的工作表标签上右击,选择"撤销工作表保护"命令,打开"撤销工作表保护"对话框,输入保护密码,单击"确定"按钮。

（五）保护、撤销保护工作簿

通过保护 Excel 工作簿,用户可以锁定工作簿的结构,可以有效防止别人在工作簿中任意添加或删除工作表,禁止其他用户更改工作表窗口的大小和位置。操作步骤如下:

打开需要保护的工作簿,单击"审阅"选项卡→"更改"组中的"保护工作簿"按钮,弹出"保护结构和窗口"对话框,在"保护工作簿"组中根据需要勾选相应的复选框,确定需要保护的对象。在"密码（可选）"文本框中输入保护密码,单击"确定"按钮,弹出"确认密码"对话框,在文本框中再次输入密码后单击"确定"按钮,如图 11-16 所示。

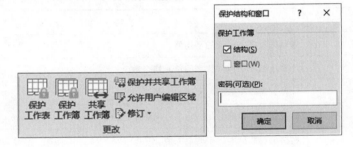

图 11-16　保护工作簿

"文件"→"信息"→"保护工作簿"选项有黄色阴影,说明此工作簿文件是使用保护工作簿功能的。保护工作簿也可以通过"文件"→"信息"→"保护工作簿"进行设置。

当工作簿处于保护状态时,单击"审阅"选项卡→"更改"组中"保护工作簿"按钮,弹出"撤销工作簿保护"对话框,在"密码"文本框中输入正确密码即可撤销对工作簿的保护。

"文件"→"信息"→"保护工作簿"的黄色阴影消失,此时说明已经解除工作簿保护。

（六）Excel 常用键盘命令

使用快捷键能够提高操作速度和工作效率,Excel 中常用快捷键及功能见表 11-2。

表 11-2　Excel 常用快捷键

键	说　　明
F1	显示"帮助"任务窗格
F2	编辑活动单元格并将插入点放在单元格内容的结尾
Shift＋F3	显示"插入函数"对话框
Ctrl＋F4	关闭选定的工作簿窗口
F5	显示"定位"对话框
F12	显示"另存为"对话框

续上表

键	说　明
Ctrl+O	显示"打开"对话框以打开或查找文件
Ctrl+P	显示"打印"对话框
Ctrl+W	关闭选定的工作簿窗口
Ctrl+F	显示"查找"对话框
Ctrl+G	显示"定位"对话框，按【F5】键也会显示此对话框
Ctrl+R	使用"向右填充"命令将选定范围最左边单元格的内容和格式复制到右边的单元格中
Ctrl+Enter	用当前输入项填充选定的单元格区域
Ctrl+连字符	删除选定的单元格
Ctrl+Shift+加号	插入空白单元格
Ctrl+1	显示"设置单元格格式"对话框
Enter	完成单元格输入并选择下面的单元格
Shift+Enter	完成单元格输入并向上选择上一个单元格
Tab	完成单元格输入并向右选择下一个单元格
Shift+Tab	完成单元格输入并向左选择上一个单元格
Esc	取消单元格或编辑栏中的输入
=	输入公式
Ctrl+K	为新的超链接显示"插入超链接"对话框，或为选定的现有超链接显示"编辑超链接"对话框
Ctrl+：	输入当前时间
Ctrl+；	输入当前日期
Shift+F3	显示"插入函数"对话框
Ctrl+`	在工作表中切换显示单元格值和公式
Alt+=(等号)	用 SUM 函数插入"自动求和"公式
Alt+Enter	在单元格中换行

项目十二　演示文稿的创建、编辑及使用

 项目描述

　　演示文稿是计算机办公软件的重要组件之一，它可以创建一组集文字、图形、图像、声音、视频等多媒体信息于一体的幻灯片，将复杂枯燥的问题以生动的形式展现出来，让人容易理解、印象深刻。PowerPoint 2016 是 Microsoft Office 软件中制作演示文稿的程序。

 **项目目标**

学习目标：

1. 明确设计主题，如求职简历、人生格言、体育项目介绍等。

2. 设计个性化、美观大方的封面和封底。

3. 使用幻灯片母版进行外观设计。

4. 根据设计需要添加图形、图片、艺术字、声音等多媒体信息。

5. 设置动画、超链接、动作按钮。

6. 设置放映效果。

7. 演示文稿的打包及发布。

能力目标：

1. 能够在演示文稿中使用版式。

2. 能够使用母版进行背景设计。

3. 能够进行切换、动画设置。

素质目标：

1. 掌握专业发展动态、学会专业知识。

2. 勤于学习，善于创造，甘于奉献。

3. 培养爱岗敬业的良好职业素养和团队协作的精神。

 知识储备

　　（一）PowerPoint 的启动与退出

PowerPoint 的启动与退出方法同 Word 和 Excel 一致，在此不再赘述。

　　（二）创建演示文稿

1. 创建演示文稿的方法

　　一个演示文稿一般由多张幻灯片组成，其中包括文字、图形、图像、声音、动画等各种信息，一个演示文稿就是一个 PowerPoint 文件。

（1）使用搜索框联机搜索主题创建演示文稿

单击"文件"→"新建"命令，联机状态下在搜索框中输入所需主题，或直接单击搜索框下方提供的相关链接，选择一种主题方案后，单击"创建"按钮。

（2）使用"设计模板"创建演示文稿

在搜索框下方提供的设计模板中单击选择所需模板即可创建演示文稿。其中空白演示文稿可以从一个空白页来进行自由创意，PowerPoint 将不提供任何固定的设计思路。选择空演示文稿后，首先为标题幻灯片选择所需要的版式，输入标题内容。然后插入"新幻灯片"，对每一张新幻灯片都可以进行个性化设计。

2. 保存演示文稿

PowerPoint 提供了多种保存演示文稿的方法。在需要保存时，可选择"文件"的"保存"或"另存为"命令来保存文件，保存的文件默认扩展名为 pptx。

3. 打开演示文稿

单击"文件"→"打开"命令，在"打开"对话框中确定文件的所在位置，选择需要打开的文件，单击"打开"按钮即可。

（三）演示文稿视图模式

PowerPoint 2016 有五种视图模式，包括普通视图、大纲视图、幻灯片浏览视图、备注页视图和阅读视图，编辑制作演示文稿时，可以根据需要选择不同的视图模式。

1. 普通视图

普通视图是 PowerPoint 的默认视图模式，共包含大纲窗格、幻灯片窗格和备注窗格三种窗格。在普通视图中，可以逐张录入、编辑幻灯片的信息，备注窗格中可以输入备注信息。

2. 大纲视图

大纲视图含有大纲窗格、幻灯片窗格和幻灯片备注窗格。在大纲窗格中显示演示文稿的文本内容和组织结构。

3. 幻灯片浏览视图

在幻灯片浏览视图中，可以同时看到演示文稿中的所有幻灯片，这些幻灯片是以缩略图的方式显示在同一窗口中。

（1）单击"视图"选项卡→"演示文稿视图"组中"幻灯片浏览"按钮，可以进入幻灯片浏览视图。

（2）单击"幻灯片浏览"按钮，可切换到幻灯片浏览视图中。

在幻灯片浏览视图中，每张幻灯片的下方标有幻灯片编号，图标"★"为播放切换效果和动画效果的按钮，单击"★"按钮将播放该幻灯片的效果，如图 12-1 所示。

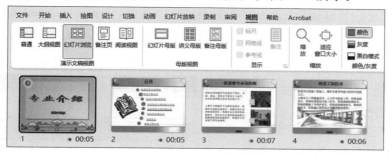

图 12-1　演示文稿视图

4. 备注页视图

备注页视图用于为演示文稿中的幻灯片添加备注内容,亦可以对备注内容进行编辑修改。

5. 阅读视图

阅读视图是以动态的形式显示演示文稿中的所有幻灯片。

(四)添加多媒体信息

1. 文本输入

幻灯片中的文本都是通过文本框实现的,文本的字体、段落等格式化设置和 Word 中一致。

2. 插入艺术字、图片、形状、声音等多媒体信息

PowerPoint 演示文稿可以插入音频、视频、图形和图像等多媒体信息。

3. 设置动画效果

通过对幻灯片选中对象的出现方式等进行设置,使幻灯片具有动画效果。常用的动画设置方法有选择动画样式和高级动画设置方式,如图 12-2 所示。

图 12-2　动画设置方式

(1)动画样式

选择要添加动画的对象,单击"动画"选项卡→"动画"组中"其他"按钮,从打开的列表中选择一种内置动画项,例如选择"出现"效果,并单击"效果选项"按钮,可以进行简单的动画设置。

(2)高级动画设置

选择要添加动画的对象,单击"动画"选项卡→"高级动画"组中"添加动画"按钮,根据设计需求,选择一种动画效果后单击"动画窗格"按钮。在打开的"动画窗格"任务列表中,鼠标拖动可以调整动画的播放顺序。如果在某个动画效果上右击,选择"效果选项"命令,可以对选中对象的动画效果、声音效果等进行自定义设置,如图 12-3 所示。

(3)动画刷

"动画刷"可以快速地复制动画效果,对不同地点的对象设置相同的动画效果。

首先选择已经设置好动画效果的某个对象,单击"动画刷"按钮，然后再单击想要应用相同动画效果的目的对象即可。

图 12-3　"动画窗格"设置

(五)幻灯片外观设计

幻灯片外观设计的常用方法有以下几种:

1. 应用主题模板

单击"设计"选项卡,"主题"组中可选择应用一种主题设计模板,如图 12-4 所示。

图 12-4　主题样式

2. 使用幻灯片母版

（1）母版是一种特殊的幻灯片，它可以创建幻灯片的基本框架。

（2）母版通常包括幻灯片母版、备注母版和讲义母版。

（3）启动幻灯片母版设计的方法如下。

① 单击"视图"选项卡→"母版视图"组中"幻灯片母版"按钮。

② 按住【Shift】键，单击窗口下面的"普通视图"按钮 ⊞。启动幻灯片母版后可以设计背景。

3. 通过复制配色方案设置背景

选择背景颜色已设置好的幻灯片，单击"开始"选项卡→"剪贴板"组中"格式刷"按钮。鼠标移到需要更改配色方案的幻灯片，单击即可。

4. 应用背景样式

单击"设计"选项卡→"自定义"组中"设置背景格式"按钮，在打开的"设置背景格式"任务窗格选项中可以选择一种填充效果作为背景。对所需选项进行自定义设置后即可应用，如图 12-5 所示。

（六）超级链接和动作按钮设置

使用 PowerPoint 提供的超链接功能，可以改变幻灯片放映的次序，实现交互式的播放。

1. 超链接

在幻灯片制作中，可以对文本、自定义形状、表格、艺术字、图像等创建超链接，通过该超链接可跳转到幻灯片指定的位置。

选中需要添加超链接的对象，单击"插入"选项卡→"链接"组中"超链接"按钮。在打开的"插入超链接"对话框中选择链接位置，单击"确定"按钮。

2. 动作按钮

通过添加动作按钮，可以在各个幻灯片之间进行随意跳转。当需要添加动作按钮时，单击"插入"选项卡→"插图"组中"形状"按钮，在弹出的"动作按钮"列表中有 12 种设置好的按钮，从中选择一个插入到演示文稿所需位置，即可打开动作"操作设置"对话框，如图 12-6 所示。选择按钮需要链接的位置，单击"确定"按钮。动作按钮也可以通过图形图像处理等软件自行设计。

图 12-5　设置背景格式

图 12-6　"操作设置"对话框

（七）放映演示文稿

1. 幻灯片切换

一个演示文稿由若干张幻灯片组成，在放映过程中，每张幻灯片可以选择各种不同的切换效果并改变其速度，以引起观众的注意。

单击"切换"选项卡，在"切换到此幻灯片"组中选择需要的切换方案后，在"计时"组中可对幻灯片切换的方式、切换速度等进行设置。

2. 设置放映方式

单击"幻灯片放映"→"设置"组中"设置幻灯片放映"按钮，打开"设置放映方式"对话框，可以选择幻灯片的放映类型及换片方式。

3. 播放演示文稿

（1）单击"幻灯片放映"选项卡→"开始放映幻灯片"组中"从头开始"按钮，或按功能键【F5】均可进入幻灯片放映状态。

（2）按【Shift＋F5】组合键可以从当前幻灯片开始放映演示文稿。

4. 自定义放映

单击"幻灯片放映"选项卡→"开始放映幻灯片"组中"自定义幻灯片放映"按钮，可以根据需要选择放映时要使用的幻灯片，并且能够调整幻灯片的放映顺序。

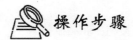 操作步骤

在演示文稿制作之前，首先要明确设计主题，然后对幻灯片的设计进行整体规划。还要收集素材，例如演示文稿制作中需要的图像、动画、声音、图形、特色按钮等。最后，幻灯片制作时要紧紧围绕主题进行。

下面以创建专业介绍演示文稿为例，说明演示文稿制作的完整过程。

（一）专业介绍的封面

外观设计直接影响观众的视觉，要想吸引观众，应该设计一个有个性、有创意、美观大方的封面，封面设计步骤如下：

1. 启动 PowerPoint，单击"文件"→"新建"命令选项，选择"空白演示文稿"选项。也可以选择使用"设计模板"等格式，选择的模板要适合幻灯片设计的主题思想。

2. 对"标题幻灯片"进行设计，添加标题、设计者信息等内容。

3. 单击"设计"选项卡→"主题"组中选择一种主题设计模板。也可以根据需要自定义背景，在幻灯片工作区右击选择"设置背景格式"命令，打开"设置背景格式"窗格，选择一种填充效果作为背景。如图 12-5 所示，例如，选择"渐变填充"色并且进行选项设置后即可应用。

如果希望幻灯片整体风格统一，应使用幻灯片母版方式设计背景。

4. 应用幻灯片母版设计背景

（1）单击"视图"选项卡→"母版视图"组中"幻灯片母版"按钮。

（2）在母版设计中，当标题幻灯片和其他幻灯片背景不一样时，选择"标题幻灯片"母版版式。然后设计背景样式，标题占位符、副标题占位符等内容。这样就可以分别对幻灯片母版、标题母版进行不同的背景设置，如图 12-7 所示。

（3）选中"幻灯片母版"，插入作为背景的图片。插入图片的方法为选择应用"幻灯片母版"，打开"设置背景格式"窗格→选择"图片或纹理填充"→选择图片来自的位置，调整图片大小，使之与母版大小一致。在"幻灯片母版"中对母版标题、各级文字样式、日期、幻灯片编号、页脚等可分别进行设计。

5. 在标题幻灯片中录入专业名称、制作者信息等文字内容，对字体、字号、字体颜色、文字效果等进行设置。这样，封面就制作完成了。

（二）专业介绍的目录

为了便于浏览幻灯片，需要制作一个目录，播放时可根据情况直接选择观看的内容，制作目录的操作步骤如下：

1. 单击"开始"选项卡→"新建幻灯片"按钮或按【Ctrl＋M】组合键，添加第二张幻灯片。

2. 录入专业目录项，如图 12-8 所示。

图 12-7　标题母版设置

图 12-8　专业目录幻灯片

（三）制作专业介绍的主体内容

封面、目录制作好以后，要对应目录项制作每个专业的具体介绍内容，形成专业介绍演示文稿的主体，其操作方法如下：

1. 单击"开始"选项卡→"幻灯片"组中"新建幻灯片"按钮或单击快速访问工具栏中新建幻灯片按钮，对于常用按钮应该根据需要自定义添加，单击"文件"→"选项"→"快速访问工具栏"，在弹出的 PowerPoint 选项中添加所需要的命令按钮，如图 12-9 所示。加入第三张空白幻灯片后选择幻灯片所需要的版式。

2. 在第三张幻灯片上，录入专业目录项"❶"所对应的专业的具体介绍内容。

3. 对幻灯片中的文字内容进行修饰。

4. 重复上述 1～3 步，依次制作好其他各个专业幻灯片的文字介绍内容。

这样，专业介绍演示文稿就初步做好了，只需单击"幻灯片放映"选项卡→"从头开始"就可以观看到制作效果。但是这样的演示文稿看起来太过简单，还需要进一步充实优化，下面我们就让它完美起来。

图 12-9 "自定义快速访问"工具栏

5. 添加图片、图形、艺术字等效果

幻灯片的精彩之处,是集文字、图像、图形、声音、视频等多媒体信息于一体。我们可以针对不同的对象应用不同的效果,这样就可以大大增强演示文稿的观赏程度。下面我们在专业介绍演示文稿"初稿"的基础上,增加一些效果。

(1)插入图片

单击"插入"选项卡→"图片"按钮,选择要插入的图片,即可完成图 12-8 中图片的插入操作。

(2)对于插入的图片,可以对其进行裁剪、旋转、压缩、重新着色、添加效果、应用于 SmartArt 图形等编辑操作。

(3)同样,根据需要可以在幻灯片适当的位置插入形状、图表、艺术字等效果。

6. 添加超链接

在放映幻灯片时,如果想要点击专业目录幻灯片(图 12-8)中"铁道信号自动控制"专业时,就立即跳转到该专业的详细介绍内容所在的幻灯片,可以使用超链接功能。

设置超链接的操作步骤是:

(1)选中图 12-8 中的"铁道信号自动控制"。

(2)单击"插入"选项卡→"链接"组中"超链接"按钮,在弹出的"插入超链接"对话框中,指定链接位置,如图 12-10 所示,单击"确定"按钮。

按照同样的方法,依次设定好其他专业与相应专业具体介绍内容的链接。超链接设置完成以后,你可以试着播放一下幻灯片,你会发现再选择图 12-8 中的"铁道信号自动控制"专业时会出现小手图标,这就表明链接成功,当你点击以后就可以直接跳转到链接幻灯片所在的位置。

图 12-10　"插入超链接"对话框

7. 添加动作按钮

为了更加自由地在各个幻灯片之间进行跳转，观看起来更加方便，可以添加一些动作按钮。例如，看完了"铁道信号自动控制"专业的详细介绍内容之后，希望直接转回到第二张目录幻灯片，再看其他专业的介绍内容。可以选择"插入"→"形状"→"动作按钮"命令，并从中选择一个按钮，这时鼠标变为十字形，在幻灯片所需位置上单击即可产生相应按钮形状，在随后弹出的"操作设置"对话框中，选择超链接到专业"目录"幻灯片，如图 12-11 所示。动作设置完成后，可以为按钮设置图形格式，使按钮更加漂亮。

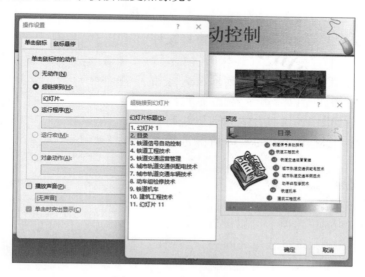

图 12-11　添加"动作按钮"

8. 设置动画效果

（1）选择设置对象，添加动画效果

例如，为图 12-8 中的图片添加动画效果，操作步骤是：选中图片，单击"动画"选项卡→"高级动画"组中"添加动画"按钮，从中选择"更多进入效果"项，在"添加进入效果"中选择"飞入"

效果,单击"确定"按钮。

（2）单击"动画窗格"按钮,在"动画窗格"任务窗格选项里,选中"飞入"这个动画效果,右击,选择"效果选项"命令。在此,可以更加详细的设置该动画播放时的速度、方向、声音等效果,如图 12-12 所示。

（3）按此方法,对演示文稿中选中的对象可以逐一进行动画效果设置。

9. 插入音乐

背景音乐可以烘托气氛,增加播放效果。插入音频的操作步骤如下:

（1）选中需要插入声音文件的幻灯片。

（2）单击"插入"选项卡→"媒体"组中"音频"按钮→"PC 上的音频",在"插入音频"对话框中选择准备好的声音文件（*.mid、*.wav 等格式）后,单击"插入"按钮。

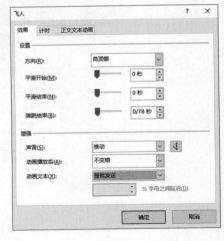

图 12-12　"效果选项"设置

（3）对插入的声音文件进行控制。

① 使用"音频工具/播放"选项卡→设置"音频选项"等项目的参数,如图 12-13 所示。

图 12-13　"音频工具"设置

② 应用"动画窗格"任务窗格选项,对声音文件进行控制。例如:选中音频后设置音频的"效果选项",在弹出的"播放音频"对话框中,选择从头开始播放,某一张幻灯片播放完以后声音停止,播放时声音图标隐藏等内容,如图 12-14 所示。对音频进行控制时,应根据所设计的演示文稿的具体情况进行声音参数设置。

10. 演示文稿循环播放设置

（1）设置幻灯片的换页方式

演示文稿中的"切换"选项卡可以设置幻灯片如何从一张切换到下一张,即幻灯片之间进行转换的一种方式。

单击"切换"选项卡,根据需要为每一张幻灯片设置切换效果、持续时间、换片方式以及在播放时需用的实际间隔时间,如图 12-15 所示。如果每一张幻灯片设置相同,只要单击"全部应用"即可。

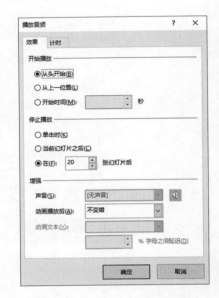

图 12-14　"播放音频"对话框

图 12-15 "幻灯片切换"设置

（2）设置放映方式

单击"幻灯片放映"选项卡→"设置"组中"设置幻灯片放映"命令，打开"设置放映方式"对话框，选中"演讲者放映"和"循环放映，按【Esc】键终止"前的选择按钮，换片方式不要选择手动，如图 12-16 所示，单击"确定"按钮，这样就可以循环播放幻灯片，在播放中可随时按【Esc】键终止。

幻灯片放映的设置方法很多，可以根据具体需要进行自定义幻灯片放映设置。

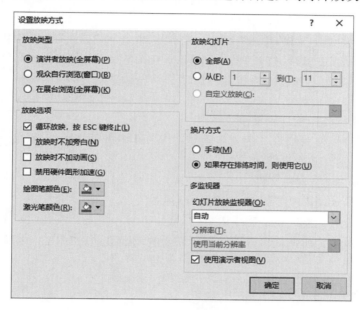

图 12-16 设置放映方式

（四）制作封底

1. 单击"开始"选项卡→"幻灯片"组中"新建幻灯片"按钮，在"幻灯片版式"中，选择"空白"格式的幻灯片。

2. 在新幻灯片中插入已设计好的背景图片，调整图片的大小和位置。

3. 单击"插入"选项卡→"文本"组中"文本框"按钮，在文本框中输入要显示的结束语并设置字体、字号、颜色等内容。

4. 设置动画效果，这时，动画效果可以选择"更多退出效果"等。

> **注意：**单击"视图"选项卡→"幻灯片浏览"按钮，可以进入幻灯片浏览视图。在此可以看到幻灯片的顺序和外观缩略图。在幻灯片浏览视图中可以插入新幻灯片、重新排序、删除、复制幻灯片以及预览幻灯片的切换效果等。在幻灯片浏览视图中双击任意一张幻灯片，可快速切换到幻灯片普通视图中进行编辑修改。

现在可以播放一下幻灯片，看一看刚才制作的效果如何。如果还满意的话，就将制作好的演示文稿保存并导出，将演示文稿以及它所链接的音频、视频等组合在一起。导出的操作方法是：选择"文件"→"导出"命令，根据需要选择导出类型，例如："创建视频"或"将演示文稿导出到文件夹中并压缩"等，按照向导提示，即可完成幻灯片的导出，它可以用于在其他机器上播放作品。

知识拓展

在制作幻灯片时，会遇到各种各样的问题，下面介绍常见问题的处理方法。

（一）如何在演示文稿与 Word 文档之间相互转换

幻灯片在使用过程中，经常会遇到将 Word 文档转换为演示文稿或者将演示文稿转换为 Word 文档的情况，下面介绍一下二者的相互转换过程。

1. 将演示文稿转换为 Word 文档

打开需要转换的演示文稿，单击"文件"→"导出"命令，在"导出"类型组中选择"创建讲义"命令，单击"创建讲义"按钮后，打开"发送到 Microsoft Word"对话框，选择使用的版式等，如图 12-17 所示，单击"确定"按钮。系统随后启动了 Word，并新建一个 Word 文档，对文档排版后保存文件即可。

2. 将 Word 文档转换为演示文稿

首先，需要将待转换为幻灯片的文本素材在 Word 中进行文档编辑，例如：根据需要设置不同文本的大纲级别。操作步骤如下：

（1）打开 Word 文档，素材文件。

（2）在 Word 中，单击"视图"选项卡→"大纲视图"。

（3）选中需要设置大纲级别的文本内容。

（4）在下拉菜单中为所选项目分别选择所需要的大纲级别，如图 12-18 所示。全部设置完成后，关闭大纲视图。

图 12-17　"发送到 Microsoft Word"对话框

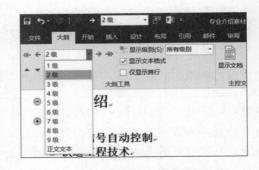

图 12-18　"大纲级别"设置

其次,选择自定义快速访问工具栏,找到"发送到 Microsoft PowerPoint"启动命令。

(1)单击"文件"→"选项"→在打开的"Word 选项"对话框中单击"快速访问工具栏"选项。

(2)单击"从下列位置选择命令"下拉按钮,在弹出的菜单项中选择"不在功能区中的命令"选项。

(3)在打开的命令行中找到"发送到 Microsoft PowerPoint"菜单项→单击"添加"按钮,如图 12-19 所示。

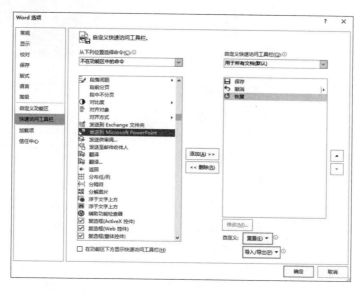

图 12-19 自定义"快速访问工具栏"

(4)单击"确定"按钮。此时,"发送到 Microsoft PowerPoint"工具就添加到快速访问工具栏中。

(5)单击"发送到 Microsoft PowerPoint"的按钮,就会自动新建一个演示文稿,你可以看到 Word 文档转换为幻灯片后的内容。然后,在演示文稿中进行编辑操作即可。

3. 大纲视图的应用

利用 PowerPoint 的大纲视图,也可以将 Word 文档的内容转换成幻灯片。

(1)启动 Word,打开 Word 文档,选中需要转换为幻灯片的文档内容,按【Ctrl+C】组合键复制内容。

(2)启动 PowerPoint,选择"大纲"视图,将光标定位到第一张幻灯片处,按【Ctrl+V】组合键,执行"粘贴"命令,将 Word 文档中的内容复制到第一张幻灯片中。

(3)划分内容

将光标定位到内容划分处,按【Enter】键,这样又创建出一张新的幻灯片,以此类推,划分全部内容。然后,利用"升级""降级"等工具对内容进行调整。最后,根据需要对演示文稿进行版式调整、母版设置以及添加各种多媒体效果的设置。

(二)如何插入 SmartArt 图形

SmartArt 图形是信息的视觉表示形式。例如组织结构图或流程图等图形用于展现特定类型的信息,通过插入 SmartArt 图形可以直观、快速、有效地表达信息,创建具有专业水准的插图。

单击"插入"选项卡→"插图"工具组中"SmartArt"按钮,在打开的"选择 SmartArt 图形"对话框中,选择需要的形状样式,再单击"确定"按钮,如图 12-20 所示。

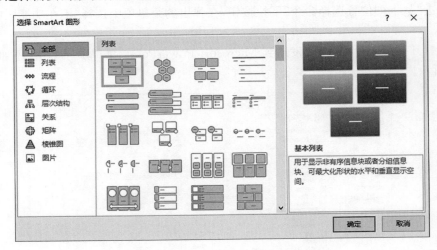

图 12-20 "SmartArt 图形"对话框

利用 SmartArt 工具中的"设计"选项卡和"格式"选项卡可以调整图形层次位置,更改版式、SmartArt 样式,添加形状,更改颜色,填充文本以及形状效果等操作。

(三)将演示文稿保存为自动放映的文件

单击"文件"→"另存为"命令,在"另存为"对话框中,"保存类型"选择为"PowerPoint 放映(*.ppsx)"选项,再单击"保存"按钮。这样,你只要双击这个文件,就可以直接放映了。

(四)如何更改放映结束时的黑屏显示

单击"文件"→"选项"命令,在打开的"PowerPoint 选项"对话框中单击"高级"选项,在右侧面板"幻灯片放映"组中取消勾选"以黑幻灯片结束"复选框,单击"确定"按钮,如图 12-21 所示。

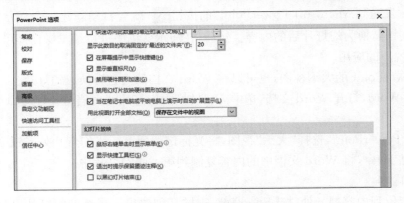

图 12-21 "高级"选项设置

(五)嵌入字体

幻灯片制作时,由于不同机器装的字体有所区别,在其他机器播放演示文稿时可能会影响到播放效果。为了使幻灯片顺利播放,我们可以使用嵌入字体。

单击"文件"→"选项"命令,在打开的"PowerPoint 选项"对话框中选择"保存"选项。在右侧面板中勾选"将字体嵌入文件"复选框,如图 12-22 所示。单击"确定"按钮,完成设置后保存演示文稿即可。

图 12-22　"嵌入字体"设置

（六）使用排练计时进行放映

演示文稿在实际放映之前，为了能够准确地记录幻灯片放映所需要的时间，我们可以使用排练计时功能。即对演示文稿播放进行一次模拟演练，一边播放幻灯片，一边根据实际需要进行讲解，并根据实际播放需求，将每一张幻灯片所用的时间记录下来。演示文稿在排练时，计时器会将每张幻灯片所用的时间以及所有幻灯片放映所需要的总时间进行记录。排练计时时间可以在演示文稿放映时使用。

使用排练计时功能，操作步骤如下：

（1）打开要进行排练计时的演示文稿文件。

（2）单击"幻灯片放映"选项卡，选择"设置"组中"排练计时"按钮，如图 12-23 所示。

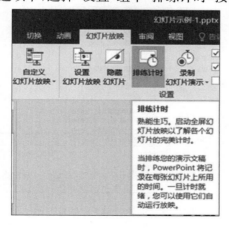

图 12-23　"排练计时"设置

（3）此时，演示文稿进入放映状态，可以看到录制计时窗口，并显示录制的时间。按照实际播放要求进行幻灯片演示，随时查看每一张幻灯片的播放时间。根据需要，可以利用对话框中的不同按钮进行调整，例如，"暂停录制"、"重复"播放、切换到下一张幻灯片，如图 12-24 所示。

（4）根据演示文稿预设的效果进行正常放映演示，直到最后放映结束时会弹出对话框，根据提示信息"是否保留新的幻灯片计时"，选择"是"即可，如图 12-25 所示。

图 12-24　"录制"设置　　　　　　　　图 12-25　"是否保留幻灯片计时"提示信息

（5）保存文件，进行幻灯片放映设置。

单击"幻灯片放映"选项卡→"设置"组中"设置幻灯片放映"按钮，在打开的"设置放映方式"对话框中，设置"换片方式"为"如果存在排练时间，则使用它"，单击"确定"按钮。

设置完成后，再次单击"幻灯片放映"选项卡→"从头开始"按钮，演示文稿就可以按照设置好的播放速度进行自动播放演示了。

（七）幻灯片不同格式的导出

制作完成的演示文稿，根据需要可以导出或保存为不同的格式类型，演示文稿可以另存为其他类型的文件格式，如图 12-26 所示。还可以导出后创建 PDF/XPS 文档、视频、讲义等操作，如图 12-27 所示。

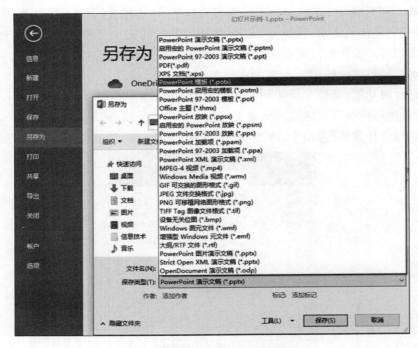

图 12-26　演示文稿"另存为"设置

图 12-27　"导出"设置

下面就以"另存为 PowerPoint 模板""创建 PDF 文档"为例介绍幻灯片不同格式的导出。

1. 将演示文稿另存为 PowerPoint 模板文件

单击"文件"→"另存为"选项，在弹出的"另存为"对话框中保存类型选择为"PowerPoint 模板"，如图 12-26 所示，单击"保存"按钮即可。PowerPoint 演示文稿模板，可以用来设计未来的演示文稿格式。

2. 将 PowerPoint 演示文稿导出为 PDF 文档

将演示文稿导出为 PDF 文档，可以保留文档格式并启用文件共享。

（1）单击"文件"→"导出"→"创建 PDF/XPS 文档"命令，如图 12-27 所示。

（2）在打开的对话框中输入文件名，确认保存类型。如果以选定格式打开该文件，则需选中"发布后打开文件"选项。若需要高质量打印文档，可以选择"标准（联机发布和打印）"，如图 12-28 所示。

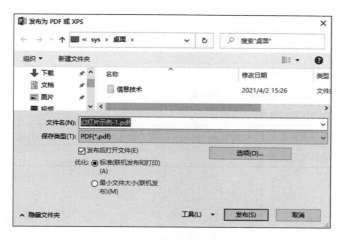

图 12-28　"创建 PDF 文档"设置

（3）单击"选项"按钮，可以对发布幻灯片的范围、发布内容以及所包含的发布信息进行详细的设置，设置完成后，单击"确定"按钮，如图 12-29 所示。

（4）全部设置完成后，单击"发布"按钮即可。文件菜单中的导出功能可以帮助用户将演示文稿更改为其他类型格式。

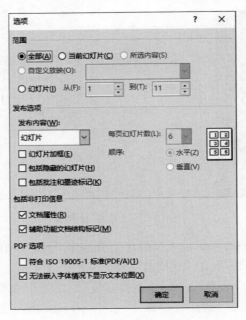

图 12-29　"发布选项"设置

（八）常用键盘命令

使用键盘组合键命令能够提高工作效率，PowerPoint 2016 中的一些快捷组合键及其功能见表 12-1。

表 12-1　常用键盘命令

命　令	功　能
F5	从头开始放映幻灯片
Shift＋F5	从当前幻灯片开始放映
Ctrl＋M	新建幻灯片
Shift＋F3	更改字母大小写
Ctrl＋A	在"幻灯片"选项卡上：所有对象
	在幻灯片浏览视图中：所有幻灯片
	在"大纲"选项卡上：所有文本
Alt＋F9	显示或隐藏参考线

项目十三　网络应用

项目描述

网络应用日益广泛,了解网络知识,学会网络应用是一项必不可少的技能。

项目目标

学习目标:
1. 了解计算机网络的概念、特点、功能与分类。
2. 了解网络拓扑结构和网络系统的组成。
3. 了解计算机网络体系结构。
4. 了解 Internet 的概念、组成和接入方式。
5. 了解 IP 地址和域名系统。
6. 掌握信息浏览和信息检索方法。

能力目标:
1. 能够熟练使用 Internet,保存网上资源等。
2. 能够使用电子邮件。
3. 学会信息检索,文件下载。

素质目标:
1. 树立网络安全意识。
2. 文明使用互联网。
3. 做遵纪守法的好网民。

知识储备

(一)计算机网络概述

1. 计算机网络定义

计算机网络是将地理位置不同的具有独立功能的多台计算机及其外部设备,利用通信设备和线路相互连接起来,在网络协议和网络管理软件的协调和管理下进行数据通信,实现资源共享和信息传递的计算机系统的集合。

2. 计算机网络的特点

(1)开放式网络体系结构:使那些用不同网络协议的网络可以互联起来,真正实现资源共享、数据通信和分布式处理的目标。

(2)向高性能发展:追求高速、高可靠性、高安全性。

（3）具有智能化特点：使得网络的性能和网络的综合性都有很大的提高。

3. 计算机网络的功能

计算机联网的主要目的是资源共享与数据传输。具体体现在以下几个方面：

（1）信息交换：是计算机网络最基本的功能，主要完成网络中各个节点之间的数据信息的通信，为快速获取高质量信息提供支持。

（2）资源共享：是建立计算机网络的最主要的目标。资源共享主要包括：硬件资源如大容量磁盘、高速打印机、绘图仪等；软件资源如服务程序、应用程序等；数据资源如数据库、文件等；

（3）分布式处理：一项复杂的任务，可以划分成许多部分，由网络内的计算机分别协作并行完成。

4. 计算机网络的分类

根据分布的地理范围计算机网络的类型可分为：

（1）局域网（Local Area Network-LAN）

局域网一般用微型计算机或工作站通过高速通信线路相连，但地理位置上局限在较小的范围。多用于一个学校、工厂、医院等，比如校园网、企业网。

局域网是一种应用领域广泛，结构类型丰富的计算机网络，也是在校生接触和使用最多的网络形式，它具有以下特点：

①局域网覆盖范围较小。一般从几十米到几千米，甚至只在一幢建筑或一个房间内。

②组网方便。局域网一般属于单一组织，易于组件和维护，使用效率高且组件成本低。

③传输效率高，数据传输可靠。

（2）城域网（Metropolitan Area Network-MAN）

城域网的作用范围在广域网和局域网之间，例如作用范围是一个城市，可跨越几个街区或甚至几个城市。城域网可以为一个或几个单位所拥有，但也可以是一种公共设施，用来将多个局域网进行互连。

（3）广域网（Wide Area Network-WAN）

广域网的作用范围通常为几十米到几千千米，因而有时也称为远程网。广域网是因特网的核心部分，其任务是通过长距离运送主机所发送的数据。连接广域网各节点交换机的链路一般都是高速链路，具有较大的通信容量。

5. 网络的拓扑结构

所谓拓扑就是点线的图示。网络拓扑结构就是将网络内的计算机等多种设备看成点，传输线路看成线，这种点、线所构成的几何图形。

局域网的拓扑结构有：总线、星状、环状和树状。它们都有各自的优点与缺点，可根据实际需求，选择不同的网络拓扑形式。

（1）总线：总线拓扑采用单根传输线作为传输介质，所有的站点都通过相应的硬件接口直接连接到传输介质上，任何一个站点发送的信息都可以沿着介质传播，而且能被其他所有站点接收，如图 13-1 所示。

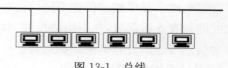

图 13-1　总线

总线结构布线容易、可靠性高，易于扩充和安装，但故障诊断困难（需要每个节点分别检测故障），容易瘫痪。

(2)星状：是由中央节点和通过点对点链路连接到中央节点的各节点组成，如图 13-2 所示。通常这种结构中，中央节点为交换机，外围节点为服务器或工作站。

星状结构中所有节点的传输都必须由中央节点来处理，具有可靠性高、故障诊断容易的优点，但扩展困难、安装费用高，对中央节点的依赖性强。

(3)环状：各节点通过环路接口连在一条首位相连的闭合环形通信线路中，环路上任何节点均可发送请求信息，批准后即可向环路发送信息。由于环线公用，一个节点发出的信息必须穿越环中所有接口，当目的地址与某节点地址相符时，信息被接受，并继续向下直到回到发送位置，如图 13-3 所示。

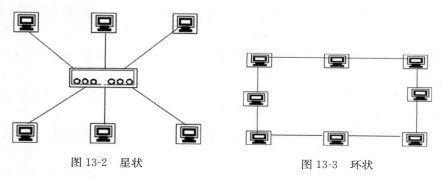

图 13-2 星状　　　　　　　　　　图 13-3 环状

环状结构使用电缆长度短，适用于光钎，传输质量高，但可靠性差、故障诊断困难，网络结构调整困难。

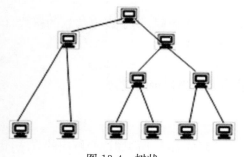

图 13-4 树状

(4)树状：树状拓扑实际上是星状拓扑的发展和补充，具有根节点和分支节点，具有较强的可折叠性，适用于构建网络主干，如图 13-4 所示。

树状结构的优点是易于扩展，缺点和星状类似。

6. 网络系统的组成

网络系统由网络硬件与网络软件两大部分组成。

(1)局域网的硬件组成包括服务器、工作站、网络适配器、传输介质、集线器、交换机等。

①服务器：是整个网络系统的核心，它为网络用户提供服务并管理整个网络，在其上运行的操作系统是网络操作系统，为网络上许多网络用户提供服务以共享它的资源。

②工作站：又称为客户机，当一台计算机连接到局域网上时，这台计算机就成为局域网中的一个客户机。客户机与服务器不同，仅对操作该客户机的用户提供服务。客户机是用户和网络的接口设备，用户通过它可以与网络交换信息，共享网络资源。

③网络适配器 NIC(Network Interface Card)：也就是俗称的网卡。网卡是构成计算机局域网络系统中最基本的、最重要的必不可少的连接设备，计算机主要通过网卡接入网络。

④传输介质：是数据传输的通道和信号能量的载体。常见的传输介质有两类：

a. 有线传输介质：双绞线、同轴电缆、光纤。

b. 无线传输介质：无线电、微波、激光、红外线、卫星等。

⑤集线器：也就是俗称的 Hub，是一种特殊的中继器。中继的主要作用是对接收到的信

号进行再生放大,以扩大网络的传输距离。它与网卡、网线等一样,属于局域网中的基础设备。集线器有利于故障的检测和提高网络的可靠性,能自动指示有故障的工作站,并切除其与网络的通信。对于星形拓扑结构来说,集线器是心脏部分,一旦出问题会导致整个网络无法工作。由于集线器在功能上的限制,在实际应用中已经越来越少了。

⑥交换机(Switch):主要功能包括物理编址、网络拓扑结构、错误校验、帧序列及其流控。交换机还具备了一些新的功能,如对 VLAN(虚拟局域网)的支持、对链路汇聚的支持,它还具有防火墙的功能。利用交换机可以使网络速度更快、稳定性更好、与网络连接更方便,是目前普遍使用的网络设备。

⑦路由器(Router):主要用于链接两个或多个网络的设备,它能够理解不同的协议,具有路径选择的功能,可以为不同网络之间的用户提供最佳的通信路径。

(2)局域网的软件是实现网络功能不可缺少的软件环境,主要包括网络操作系统、通信软件和协议软件。

①网络操作系统:是网络软件中最主要的软件,能够管理整个网络的资源。常见的网络操作系统有 Windows、Unix 和 Linux 等。

②通信软件:使用户很容易的与多个站点进行通信,并能对通信数据进行管理,如网络会议、IP 电话、腾讯 QQ 等。

③协议软件:是网络软件的重要组成部分。按网络所采用的协议层次模型组织而成。最常见的为 TCP/IP 协议。

7. 计算机网络的体系结构

(1)网络通信协议

计算机网络中要进行数据通信,必须采用相同的信息交换规则,用于规定信息的格式、信息发送和接收方法的规则称为网络协议。主要包含三个要素:

①语法:即数据与控制信息的结构或格式。

②语义:即需要发出何种控制信息,完成何种动作以及做出何种响应。

③同步:即事件实现顺序的详细说明,也称时序。

(2)协议分层

为了降低协议设计的难度,采用了将一个复杂问题分解成若干小问题逐个解决的方法,因此将网络的整体功能分解为一个个的功能层,形成网络层次结构模型,针对各层的不同功能来制定相应的协议,不同机器上的同等功能层采用相同的协议,同一机器上的相邻层间通过接口进行信息传递。

(3)网络体系结构

网络层次结构模型和网络通信协议一起构成了计算机的网络体系结构,它是对计算机网络及其部件应该实现的功能的一种定义和说明。目前应用最多的网络体系结构是 OSI/RM 和 TCP/IP。

①OSI/RM 参考模型

为了使不同体系结构的计算机网络都能互连,国际标准化组织(ISO)于 1977 年成立了一个专门的机构来研究该问题,提出了著名的开放系统互连基本参考模型 OSI/RM(Open Systems Interconnection Reference Model),简称为 OSI。

OSI 模型将整个网络的通信功能划分成七个层次,由低至高依次是:

物理层:定义物理设备的标准,主要对物理连接方式、电气特性、机械特性等制定统一标准，传输比特流，最小的传输单位是"位(bit)"。

数据链路层：对物理层传输的比特流包装、检测，保证数据传输的可靠性，将物理层接收的数据进行 MAC(媒体访问控制)地址的封装和解封装，按约定的格式组装成"帧"，以便无差错的实现传输。

网络层：主要负责路由，即根据数据传输的目的地址确定最佳的传输路径，来解决网络和网络之间的问题。网络层还具有控制流量和拥塞的能力，传送的基本单位是"分组"(也称为"包")。

传输层：建立、管理和维护端到端的连接，向用户提供可靠的服务，保证数据传输的质量，将数据安全送到目的地。

会话层：负责在网络中的两个节点之间建立、维持和终止"会话"。"会话"是指进程间的一次联系，对即将到来的数据通信进行约定。会话层不参与具体的数据传输，但对数据传送进行管理。

表示层：负责数据格式的转换，如加密与解密、数据压缩和解压缩及图片编码和解码等。

应用层：是 OSI 参考模型的最高层，负责应用程序与网络系统间的联系。用户利用应用程序提出服务请求，如收发电子邮件、文件传输等。

在 OSI 模型中，当一台主机发送传送数据请求时，被发送的数据首先进入应用层并被封装应用层头部信息 AH，然后传递到表示层；表示层接收到的数据包整体封装并添加表示层头部信息 PH，传递给会话层；以此类推，会话层、传输层、网络层、数据链路层也都分别要添加各自头部信息 SH、TH、NH 和 DH，然后通过物理层将数据流传输到目标主机，接收端的解封过程恰好相反，依次去掉相应的头部信息直至应用层，数据的发送和接收过程如图 13-5 所示。

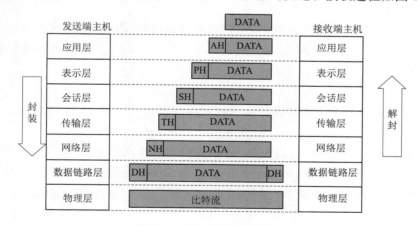

图 13-5　OSI 模型数据流过程

②TCP/IP 参考模型

TCP/IP(Transmission Control Protocol/Internet Protocol)中文名称为传输控制协议/因特网协议，该模型和 OSI 模型类似，去掉了 OSI 中的会话层和表示层，采用 4 层模型，从下到上依次是：

网络接口层：一般是传输的硬件部分，包括所有现行网络硬件部分间的通信标准，使得硬件设备间能够互联。

网络层：将数据封装为 IP 数据包，并实现寻址和路由功能，核心是 IP 协议。

传输层：实现端到端的数据传输，其中 TCP 协议为应用程序提供可靠的、面向连接、基于流的服务，具有超时重传、数据确认等方式以确保数据包被正确发送到目的端。UDP 协议为应用程序提供不可靠的、无连接的基于数据包的服务。

应用层：将传输数据进行格式转换，包括各种应用层协议如文件传输协议 FTP、简单邮件传输协议 SMTP、超文本传输协议 HTTP、域名服务协议 DNS 等。

OSI 参考模型和 TCP/IP 参考模型对照关系如图 13-6 所示。

虽然 OSI 参考模型是由国际标准化组织 OSI 制定并推广的，但它过于复杂，并没有确切描述实现的方法，因而只停留在理论阶段而没有被商业实施。而 TCP/IP 模型则最初是由美国制定并且使用开放式模式，在 Internet 的发展过程中得到了广泛使用，已经成为网络互联事实上的应用标准。

OSI 参考模型	TCP/IP 参考模型
应用层	应用层
表示层	
会话层	
传输层	传输层
网络层	网络层
数据链路层	网络接口层
物理层	

图 13-6　OSI 模型和 TCP/IP 模型对照图

（二）Internet 概述

1. Internet 的概念

Internet 网是由遍布全球的无数个不同类型、不同规模的计算机网络相连而形成的巨大的互联网络，中文名称为"因特网"或"互联网"。它可以使网络上各个计算机能够相互交换信息，实现全球信息共享。

2. Internet 的组成

Internet 除了拥有作为物质基础的计算机和网络连接设备外，还需要其他极其重要的角色，包括：

（1）通信协议（TCP/IP）：所有加入 Internet 网络的计算机都必须安装（TCP/IP）协议，即：传输控制协议/因特网互联协议。TCP/IP 规范了网络上的所有通信设备之间的通信，特别是一个主机与另一个主机之间的数据往来格式及传送方式，可以很方便地实现网络的无缝连接。

（2）Internet 服务提供商（ISP）：能够为用户提供 Internet 接入服务的公司，是用户接入 Internet 的入口点。我国比较大的 ISP 有中国移动、中国联通和中国电信等。

（3）Internet 内容提供商（ICP）：在 Internet 上向用户提供各类信息服务和增值业务的运营商。我国知名的 ICP 有新浪、腾讯、搜狐等。

3. Internet 的接入

从物理连接的角度，Internet 的基本接入方式有电话线接入、专线接入、局域网接入和无线接入等。目前使用最广泛是局域网接入和 ADSL 接入方式。

（1）局域网接入：如果用户接入一个已连入 Internet 的局域网中，那么接入该局域网的同时也就具备了接入 Internet 的能力。用户可以通过代理服务器、路由交换机等方式通过局域网接入 Internet。

（2）ADSL 接入方式：ADSL 全称 Asymmetric Digital Subscriber Line，即非对称数字用户

线路。是一种利用电话线上网的高速宽带技术,用户只需在普通电话线上加装专用的 ADSL Modem 即可接入 Internet。所谓非对称主要体现在上行和下行速率的非对称性上。ADSL 利用数字编码技术从现有电话线上获取最大数据传输容量,同时又不干扰在同一条线上进行的常规语音服务。

4. IP 地址

网络中的每台计算机及其设备都需要有一个唯一的地址,这样才能在网络中明确地表明自己的位置,同时也能让用户从无数计算机中高效地选择所需的对象,这个地址就是 IP 地址。它就像是我们的家庭住址一样,计算机发送信息就像是邮递员送信,必须知道唯一的"家庭地址"才能把信准确送达。目前关于 IP 地址的标准有 IPV4 和 IPV6。在 IPV4 标准中,IP 地址是一个 32 位的二进制数,通常被分割为 4 个"8 位 2 进制数",也就是四个字节,如果用十进制表示,就是由 4 个 0~255 之间的数字组成,中间用小圆点间隔。分别表示网络号和主机号。网络号用来标识某个网络,主机号用来标识网络中的某台主机,网络号和主机号不能全为"0"和不能全为"1"。Internet 定义了 5 种 IP 地址类型以适应不同容量的网络。

A 类 IP 地址的网络号占 1 个字节,最高位是 0,网络号范围是 0~127,但这里要注意 0 和 127 都不可用。A 类网络的主机号有 3 个字节 24 位,所以 A 类网络包含的主机数量是最多的,是最大的网络。

B 类 IP 地址网络号占 2 个字节,最高位是 10。B 类网络的主机号占 2 字节 16 位,网络地址范围是 128~191。

C 类 IP 地址网络号占 3 个字节,最高位是 110。C 类网络的主机号只占 1 个字节 8 位,网络地址范围是 192~223。

其他 D 类和 E 类 IP 地址也都有相应的规定,D 类网络用于多点广播,E 类网络为将来使用保留。

五类地址对比见表 13-1。

表 13-1　IP 地址类型对比

类　　别	网络号＋主机号			主机号范围
A 类	0	网络号(7 位)	主机号(24 位)	1.0.0.1~127.255.255.254
B 类	10	网络号(14 位)	主机号(16 位)	128.0.0.1~191.255.255.254
C 类	110	网络号(21 位)	主机号(8 位)	192.0.0.1~223.255.255.254
D 类	1110	多目的广播地址(28 位)		224.0.0.0~239.225.225.255
E 类	11110	保留用于实验和将来使用		240.0.0.0~247.255.255.255

随着互联网的蓬勃发展,IP 地址的需求量越来越大,目前 IPV4 的地址已经全部分配完毕,地址空间的不足必将妨碍互联网的进一步发展,为了扩大地址空间,提出了通过 IPV6 重新定义地址空间。IPV6 采用 128 位地址长度,几乎可以不受限制的提供地址。从 2011 年开始,主要用在个人计算机和服务器系统上的操作系统基本上都支持 IPV6 配置产品。虽然 IPV6 在全球范围内还处于研究阶段,但许多国家已经意识到了 IPV6 技术所带来的优势。

5. 域名系统

由于数字形式的 IP 地址不方便用户记忆和理解,于是引入了一种便于记忆的主机命名机制,称为域名系统 DNS(Domain Name System)。它的主要功能是为用户提供名字,也就是域名,并将域名解析为计算机能够识别的 IP 地址,这样用户就可以直接使用域名访问互联网了。典型的域名结构为"主机名. 网络名或单位名. 机构类型名. 国家或地区名",域的层级从右到左分别称为顶级域名、二级域名、三级域名……一般不超过五级。例如 oa. tjtdxy. edu. cn 表示中国(cn)教育机构(edu)天津铁道学院(tjtdxy)校园网上一台主机(oa)(该域名为虚构)。对于提供信息服务的主机,主机名可以用其提供服务的类型代替。例如域名 www. sina. com. cn 表示中国(cn)工商企业机构(com)新浪网(sina)中的一台主机,该主机用来提供 WWW 服务。

为了保证域名系统的通用性和唯一性,Internet 规定了一些通用的顶级域名,包括区域名和类型名两类。常用顶级域名及含义见表 13-2。

表 13-2　常用顶级域名及含义

域　　名	含　　义	域　　名	含　　义
.cn	中国	.com	商业机构
.us	美国	.net	网络机构
.au	澳大利亚	.edu	教育机构
.ca	加拿大	.gov	政府机构
.de	德国	.org	非营利机构
.fr	法国	.int	国际组织
.gb	英国	.mil	军事机构

域名是不能直接被 TCP/IP 接收的,必须先将域名转换为对应的 IP 地址。域名和 IP 地址的转换称为域名解析,由专门的服务器完成,称为"域名服务器"。Internet 上几乎每个子域都设有域名服务器,包含该子域的全部域名和地址信息。凡是域名空间中有定义的域名和其对应的 IP 地址都可以进行相互转换,用户可以等价的使用域名和 IP 地址。

6. Internet 信息浏览

信息浏览是目前 Internet 最为广泛的一种应用,是目前社会生活中信息获取最主要的渠道。用户通过点击就可以浏览到各种类型的信息,这些信息来源于一个庞大的资源系统,称为"万维网",即我们通常所说的 WWW,是 Word Wide Web 的缩写,简称 Web。万维网和 Internet 是两个不同的概念,万维网是基于 Internet 的一种信息处理技术,是基于客户机/服务器方式的信息发现技术和超文本技术的集合。WWW 服务器通过超文本标记语言(HTML)将信息组织为图文并茂的超文本,利用超链接来实现站点的跳转,从而打破了按固定路径查找信息的限制。与 WWW 有关的名词:

(1)超文本标记语言(HTML):是一种专门用于编写超文本文件的编程语言。

(2)网页:又称 Web 页。使用 HTML 语言编写的一个超文本文件就是一个 Web 页,它可以含有文本、图像、声音、视频等多媒体信息,最常见的 Web 页文件扩展名为 .html 和 .htm,此外也有 .asp、.php、.jsp 等。

(3)超链接(Hyperlink):从一个网页指向一个目标的连接关系,从而实现和其他文件的非顺序网状连接。各个网页通过超链接连接在一起进而构成一个网站。

(4)网站:又称 Web 站点,是由多个网页链接在一起组成的。网站存放于 Web 服务器上,随时响应远程 Web 浏览器发来的浏览请求,为用户提供所需要的网页。

（5）超文本传输协议（HTTP）:是一种请求/应答协议,所有在客户端与 Web 服务器之间的信息传输都必须遵守这个标准。HTTP 是应用层协议,要求用户传递的信息只是请求方法和路径,协议规则简单,通信运行速度较快,可以有效地处理大量请求,因此在 Internet 上应用最为广泛,成为万维网数据传输的协议标准。

（6）统一资源定位器 URL:全称为 Uniform Resource Location,为 WWW 中每个网页确定唯一的地址,俗称"网址"。为了保证唯一性,URL 采用统一的规则和格式:

传输协议://主机 IP 地址或域名/资源所在路径和文件名

例如 https://blog. sina. com. cn/lm/history,其中"https://"表示以 https 协议进行数据传输,"blog. sina. com. cn"表示域名"新浪博客-文史","/lm/history"表示网页所在路径。若要访问的资源为网站首页,则"文件名"可忽略。

在 WWW 中浏览信息需使用网页浏览器。网页浏览器的主要功能是解释统一资源定位器和超文本文件,将网页信息呈现在用户的计算机屏幕上。常用网页浏览器有很多种,如谷歌 Chrome 浏览器、360 浏览器、搜狗浏览器等,而微软最新版本的操作系统 Windows 10 中将预装默认使用的浏览器由 IE 改为了 Edge（IE 也被保留用来供使用较老技术和代码的网页使用）,Edge 页面更为简洁,使用更方便。

7. Internet 信息检索

Internet 是信息的海洋,有无数的资源和数据,在浏览器中通过逐个网页浏览寻找信息的方法,如同大海捞针,不仅浪费大量的时间,也很难找到真正需要的信息。这就需要用户使用正确的搜索途径和掌握有效的检索方法。

为了满足用户日益提高的信息检索需求,搜索引擎应运而生。简单地说搜索引擎就是 Internet 上的一个网站,它的主要任务是利用网络自动搜索技术收集、索引网上各种信息资源,并为用户提供检索服务的工具。用户提出检索要求,搜索引擎代替用户进行搜索并将结果反馈给用户并提供相关网站的链接。目前搜索引擎已成为人们获取信息资源的主要工具和手段,几乎成了网络信息检索工具的代名词。常用的搜索引擎有谷歌、百度等。

合理使用搜索技巧可以提高检索速度、查准率和查全率。下面介绍几种常用搜索方法:

（1）提炼关键词:在搜索引擎上搜索信息首先必须输入关键词。精准的设置关键词是快速准确地得到搜索结果的基础。提炼关键词的原则首先要确定要搜索的对象,是资料性的文档、某种类型的资源还是服务等,然后分析信息的共性和特性,从方向性的概念中提炼出最具代表性的关键词。搜索的条件越具体返回的结果就越精确,有时多输入一两个关键词效果就会完全不同。在有多个关键词的情况下将词语之间用空格隔开,可以避免过多的无效搜索。例如要查找歌曲"中华人民共和国国歌",关键词设为"国歌"和"mp3 国歌",后者的结果将更符合需要。

（2）布尔逻辑检索:逻辑操作符通常有 AND、OR 和 NOT。搜索引擎基本上都支持逻辑命令查询,用好这些符号可以大幅提高搜索精度。

逻辑"与":用 AND（或*）表示。检索词 A、B 若用逻辑"与"相连,即 A AND B（A*B）,则表示同时含有这两个词才能被命中。

逻辑"或":用 OR（或+）表示。检索词 A、B 若用逻辑"或"相连,即 A OR B（A+B 或 A| B）,则表示只要含有其中一个词或同时含有两个词都会被命中。

逻辑"非":用 NOT（或-）表示。检索词 A、B 若用逻辑"非"相连,即 A NOT B（A-B）,则表示含有词 A 而不含有词 B 才能被命中。

逻辑运算符的运算次序为：逻辑"非"→逻辑"或"→逻辑"与"，若有括号则括号优先，与算术中的四则运算相似。

(3)截词检索：在检索词的合适位置进行截断，然后使用截词符进行处理，既可以节省输入的字符数目，又可以达到较高的查全率。截词符在不同的系统中有不同的表达形式，但并不是所有的搜索引擎都支持这种技术，百度就不支持截词功能。常用的截词符有?、$、* 等，分为有限截词(一个截词符只代表一个字符)和无限截词(一个截词符可代表多个字符)。以无限截词为例：comput? 表示 computer、computers、computing 等；? computer 表示 minicomputer、microcomputer 等；? comput? 表示 minicomputer、microcomputers 等。

(4)位置检索：也称临近检索，是用一些特定的算符来表达词与词之间的临近关系，对检索词之间的相对位置进行限制。这种检索方法不依赖主题词表，而是以全文信息为对象。它能将所有包含检索词的文献检索出来，而不管这个词出现在文献的什么位置。检索系统不同，规定的算符也不尽相同，常用算符有如下几种：

W 算符：W 含义为 with，表示其两侧的检索词必须紧密相连，除空格和标点符号外，不得插入其他词或字母，两词的词序不可以颠倒。

nw 算符：此算符的检索词必须按此前后临接的顺序排列，不可颠倒，而且检索词之间最多有 n 个其他词。

N 算符：N 含义为 near，表示其两侧的检索词必须紧密连接，除空格和标点符号外，不得插入其他词或字母，两个词的顺序可以颠倒。

nN 算符：表示允许两词间最多为 n 个其他词。

F 算符：F 含义为 field，表示两侧的检索词必须在同一字段中出现，词序不限，中间可插任意检索词。

S 算符：S 含义为 Sub-field/sentence，表示两侧的检索词只要出现在记录的同一子字段内，即符合要求。

(5)使用符号：在搜索引擎中还可以使用符号进行搜索设置，注意符号需为英文字符。

逗号：作用类似于 OR，"越多越好"是它的原则。查询时找到的关键词越多，结果排列的位置越靠前。

引号：相当于精确匹配。要求搜索不仅要包含引号中的所有关键词，而且关键词的顺序也需完全相同，并且必须挨在一起。带引号的搜索查询范围更小。

(6)限制检索：通过限制检索范围，达到优化检索结果的方法。例如：

在标题中搜索：在关键词之前加上"intitle:"，则可以限制只搜索网页标题中包含有关键词的网页。

限定域名搜索：在一个域名前加"site:"，可限制只搜索某个具体网站、网站频道或网页。需要注意的是"site:"后不可带"http://"和空格。如"site:www. baidu. com 计算机"表示在 www. baidu. com 网站内搜索和"计算机"相关的资料；"site:com. cn 计算机"表示在域名以 com. cn 结尾的网站中搜索和"计算机"相关的资料；"site:cn 计算机"表示在域名以 cn 为结尾的网站内搜索和"计算机"相关的资料。

限定 URL 搜索：在关键词之前加上"inurl:"，表示只搜索 URL 中包含关键词的网页。

限定博客搜索：在关键词之前加上"blog:"，表示只搜索包含关键词的博客。

限定文档类型搜索：在关键词之前加上"filetype:文件扩展名"，表示只搜索含有关键词的某种类型文件。

（7）特效：百度 PC 端在搜索某些特定关键词时还会出现一些好玩的特效。如"跳跃"、"黑洞"、"旋转"、"闪烁"和"抖动"等。

8. 电子邮件

电子邮件（也称为 E-mail），是通过网络"邮寄"的"信件"。它可以是文字、图像、声音等多种形式，因其省时省力、效率高的特点方便了人与人之间的沟通交流。

电子邮件系统主要采用使用 SMTP 协议来完成邮件的发送，使用 POP3 和 IMAP 协议来完成邮件的接收。

用户要使用电子邮件功能，需要先注册申请一个电子邮箱，建立一个 E-mail 账户，账户包括用户名和密码。每个邮箱都有一个唯一的地址，其格式为：用户名@邮件服务器域名，如 12345@qq.com，"12345"为用户名，"qq.com"为邮件服务器域名。

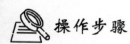 **操作步骤**

练习一：查看和设置 IP 地址和 DNS

1. 右击"开始"按钮，选择"网络连接"命令，在打开的窗口中单击"更改适配器选项"，如图 13-7 所示。

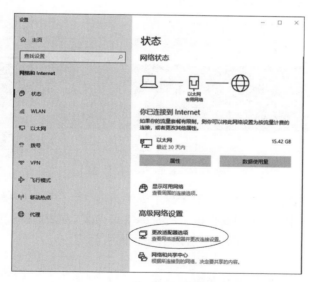

图 13-7　单击"更改适配器选项"

2. 在打开的"网络连接"窗口中右击表示本地连接的图标，在弹出的菜单中选择"属性"命令，在打开的对话框中双击"Internet 协议版本 4(TCP/IPv4)"可查看并根据需要进行 IP 地址和 DNS 的相关设置，如图 13-8 所示。

练习二：使用 Edge 浏览器

1. 启动 Edge

Windows10 系统默认安装状态下，Edge 浏览器的图标会显示在任务栏左侧按钮中，单击该按钮 即可启动浏览器。或在"开始"按钮程序列表 M 音序下也可找到"Microsoft Edge"单击并启动。

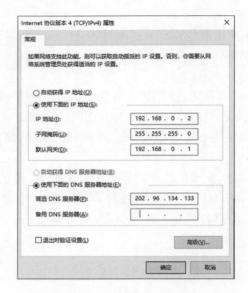

图 13-8　查看 IP 地址和 DNS

2. 浏览器窗口

启动 Edge 浏览器后窗口各部分名称如图 13-9 所示。

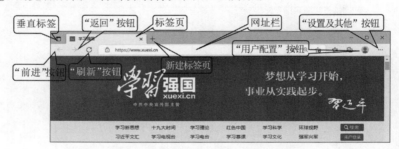

图 13-9　Edge 浏览器界面

垂直标签:当用户在浏览器中打开了无数个标签页时,为了避免误操作可以使用"垂直标签"功能。该功能将在浏览器左侧垂直显示所有标签页列表,方便选择和管理。

标签页:用户打开的一个网页的标签,用于显示网页标题。

网址栏:用于输入网址。

"用户配置"按钮:用户使用微软账户登录后,可以在其他设备上同步浏览器的收藏夹、功能设置等信息。

"设置及其他"按钮:打开"设置"以及其他功能命令。

"返回"按钮:返回上次访问过的网页。

"前进"按钮:在使用过"返回"按钮后"前进"按钮被激活,单击可打开最近一次单击"返回"按钮之前的网页。

"刷新"按钮:从网页所在服务器上重新加载网页内容,刷新按钮的快捷键是【F5】。

3. 浏览网页

在网址栏位置输入网址可打开网页,如输入 https://www.xuexi.cn,按【Enter】键即可打开学习强国首页进行浏览。Edge 支持打开多个标签页来显示不同的网页内容而无须打开新的窗口。当某个超链接被认为需要在新窗口打开时，单击，会自动添加新的标签页并显示网页内容。用户也可以手动标签页功能来打开网页，可使用以下两种方法：

（1）右击超链接在打开的菜单中选择"在新标签页中打开链接"命令。

（2）按住【Ctrl】键的同时单击超链接。

无论哪种方法都会新建一个标签页来显示超链接指向的内容，但不会自动跳转到新标签页，而是仍然显示打开超链接之前的网页。

用户也可以单击浏览器窗口中标签页后方的"新建标签页"按钮来打开空白标签页，如图 13-9 所示。

4. 使用"主页"功能

对于使用频率很高的网址可将其设置为主页，使用"主页"按钮可快速跳转至该网页。默认情况下 Edge 浏览器并不显示"主页"，需进行设置，方法如下：

（1）单击浏览器窗口上方"设置及其他"按钮，在弹出的菜单中选择"设置"命令。如图 13-10 所示。

（2）在打开的窗口中搜索栏输入"工具栏"，将"开始"按钮设置为打开状态，如图 13-11 所示。

（3）单击"设置按钮 URL"按钮，选择"输入 URL"选项并输入网址。

（4）设置完成后将在网址栏前方出现"主页"按钮 ⌂。以后每次单击此按钮都可跳转至设置好的主页。

5. 设置默认启动页

如果希望每次启动浏览器时都打开固定的网址，也可以将该网址设置为默认启动页。方法如下：

（1）打开浏览器"设置"窗口。

（2）在搜索栏中输入"启动"，选择"打开一下页面"选项，如图 13-12 所示。

图 13-10　选择"设置"命令

（3）单击"添加新页面"按钮，在弹出的窗口中输入相应网址即可将该网址设置为默认启动页，以后每次启动 Edge 都会直接打开该网址。

图 13-11　显示并设置"主页"

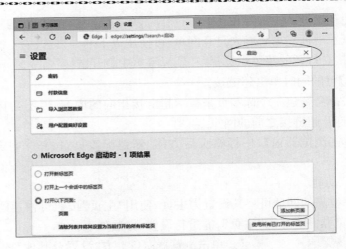

图 13-12 设置默认启动页

6. 收藏夹的使用

对于用户经常访问的网页链接可以将其添加到收藏夹中，以后就可以通过单击收藏夹中的网页链接来快速打开，避免了每次都要输入网址或利用搜索引擎的麻烦，可以提高访问网页的效率。

向收藏夹添加网页链接的方法如下：

(1)打开需要添加的网页后，单击网址栏右侧的"将此页面添加到收藏夹"按钮。

(2)在弹出的窗口中输入网页名称，确定收藏位置后单击"完成"按钮即可，如图 13-13 所示。已被添加到收藏夹的网页"将此页面添加到收藏夹"按钮会变为实心。

(3)再次使用时只要单击网址栏后方"收藏夹"按钮即可找到链接。

Edge 浏览器还支持导入其他浏览器收藏夹的功能，方法如下：

(1)单击网址栏右侧"收藏夹"按钮下的"更多选项"，选择"导入收藏夹"命令，如图 13-14 所示。

图 13-13 添加收藏夹

图 13-14 导入收藏夹

(2)设置好导入位置和内容后单击"导入"按钮即可。

（3）默认情况下收藏夹栏不显示在浏览器中,若需要显示可单击"收藏夹"按钮将收藏夹固定在浏览器中。

7. 使用 InPrivate 隐私模式浏览网页

默认情况下,使用 Edge 浏览器的过程中,用户的操作都会被记录下来。如果多个用户使用同一台计算机,则极有可能造成信息泄露。为了安全可使用 InPrivate 隐私模式浏览网页。单击浏览器中"设置及其他"按钮,在弹出的菜单中选择"新建 InPrivate 窗口"命令,即可进入 InPrivate 隐私模式,如图 13-15 所示。使用该模式会在关闭浏览器窗口时删除浏览信息,退出该模式只需关闭 InPrivate 浏览模式的浏览器窗口即可。

图 13-15　InPrivate 隐私模式

8. 使用"集锦"功能

"集锦"功能类似于收藏夹,但功能更加丰富,"集锦"可以直接在浏览器中保存内容(图像、文本或完整的网页),还可以在所有设备之间进行同步,方便用户从任意位置访问。使用方法如下:

（1）单击网址栏右侧"集锦"按钮 即可在浏览器右侧打开"集锦"面板。

（2）浏览器会自动创建一个新集锦,单击"新建集锦"可重新命名,如图 13-16 所示。单击"添加当前页面"即可将当前打开的网页添加入集锦。

（3）用户可以创建多个集锦,每个集锦可添加多个网页、图片或文本。单击集锦名称前方"返回"按钮后,在新面板中单击"启动新集锦"可新建集锦。

（4）将网页中图片直接向集锦中拖动,可将图片添加到集锦中。

（5）选择网页中的文字后直接向集锦中拖动,可将文字

图 13-16　新建集锦

添加到集锦中。添加完成的效果可如图 13-17 所示。

图 13-17   添加图片和文字到集锦的效果图

9. 使用 Edge "扩展"功能

Edge "扩展"功能允许用户添加一下小程序来增加或修改 Edge 浏览器的功能,相当于"插件",使用方法如下:

(1)单击"设置及其他"按钮,在打开的菜单中选择"扩展"命令,单击"打开 Microsoft Edge 外接程序网站"链接可进入 Edge 扩展的应用商店。将"允许来自其他应用商店的扩展"功能打开,则可以安装第三方应用商店中的扩展,如图 13-18 所示。

图 13-18   打开 Edge 和第三方应用商店

(2)在 Edge 扩展应用商店中可以搜索需要的扩展进行安装。例如在搜索框中输入"adblock"可将各类广告拦截扩展搜索出来,如图 13-19 所示。选择需要的扩展单击"获取"按钮即可完成安装。完成后即可实现多种自定义规则的广告拦截策略,还给用户一个干净的网页。

图 13-19　在 Edge 应用商店中安装扩展

练习三:使用百度进行信息检索

1. 设置合适的关键词查找并了解高速动车的发展历史。

2. 对比输入不同关键词"电脑 淘宝"和"电脑　-淘宝"的结果有何不同。(注意减号前有空格)

3. 利用"intitle:"搜索标题中含有"铁道"和"信号"的网页并查看关于铁道信号的信息。

4. 利用"site:"在 dl. pconline. com. cn 中搜索压缩软件 WinRAR。

5. 利用"filetype:"搜索带有"信息技术"的 pdf 文件。

6. 高级搜索:搜索的内容包含多个关键字或内容不固定时,可以在百度首页右侧,单击"设置",选择"高级搜索",进入高级搜索设置,在此输入搜索内容,搜索内容可以是多个关键字。在高级搜索中,可以选择搜索时间、限定搜索格式等,如图 13-20 所示。

图 13-20　设置高级搜索

7. 搜索"跳跃"、"黑洞"、"旋转"、"闪烁"和"抖动"等词查看效果。

练习四:在中国知网(CNKI)中检索资料

1. 在网址栏输入"www. cnki. net"打开中国知网首页。中国知网是一个集期刊、报纸、博士硕士学位论文、会议论文、图书、年鉴、多媒体教育教学素材为一体的知识服务网站。它是中国知识基础设施工程(China National Knowledge Infrastructure)的一部分,该工程是一个以实现全社会知识资源传播共享与增值利用为目标的信息化建设项目。

2. 在中国知网中,可以进行"文献检索"、"知识元检索"和"引文检索"三种不同类别的检索,如图 13-21 所示。

3. 在"文献检索"类中输入"高速动车"进行检索。检索时还可以在检索栏前方"主题"处选择其他搜索条件,如"关键词""作者""摘要"等。

图 13-21　三种不同的检索类别

4. 搜索结果如图 13-22 所示,网页会将搜索结果的数量、各类别文献数量等基础信息进行显示,用户可以按类别缩小范围;根据"相关度"、"发表时间"、"被引"和"下载"等原则进行排序;设置结果显示方式等提高检索效率。选择多篇文献时,还可以在"导出与分析"按钮处选择"可视化分析"功能,通过图表显示所选文献在"指标分析""总体趋势""文献互引""关键词互引""作者合作网络"等相关信息的分析结果。

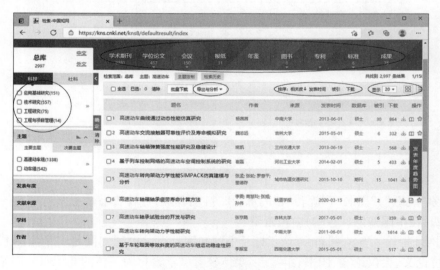

图 13-22　检索结果界面

5. 用户也可以在首页检索栏右侧选择"高级检索",设置检索条件,精确检索结果,如图 13-23 所示。

6. 选择一篇文献后单击即可进入详细页面,还可以选择不同的下载方式,如图 13-24 所示。CNKI 并非免费资源,下载和阅读均需收费,但一般大学都购买了知网数据使用权,通过校内的相关链接可免费查看和下载数据。

图 13-23　高级检索

图 13-24　下载文献

练习五：使用电子邮件

1. 申请免费邮箱

打开网络浏览器，输入 https://mail.126.com，在打开的主页中选择"注册网易邮箱"。

2. 查收邮件

登录邮箱后，单击"收件箱"，在"收件箱"中可以看到邮件列表，每个邮件左侧有一个图标。在邮件列表中单击一个邮件，可查看邮件的内容。

在收件箱中，如果看到邮件标题前有一个回形针图标，说明收到了带有附件的邮件，若要查看附件内容，可以将附件另存后再打开查看，也可以单击"下载附件"，下载完成后再查看附件的内容。

3. 创建新邮件与发送邮件

登录邮箱后，单击"电子邮件"→"写信"，在"写信"窗口中，首先需输入收件人的邮件地址，如果要同时给多个人发邮件，就要在地址栏里填上其他收件人的地址，地址用逗号间隔。在"主题"栏内，输入简单邮件梗概。最后，输入邮件正文，新邮件就写好了。

单击工具栏中的"发送"按钮，即可将待发的邮件发送出去，在发送过程中，可以看到邮件发送的进度。邮件发送成功后会自动保存到"已发送"文件中。

4. 插入附件

创建新邮件时,有时需要附带发送其他文件,需使用附件功能。具体操作步骤如下:

单击"添加附件",选择路径,找到要添加的文件,单击"打开"按钮。随后可以看到选择的文件已作为附件添加到邮件中。附件前面有一个回形针标记。

5. 回复邮件

阅读邮件后,常常需要"回信",这就需要使用邮件回复功能。回复邮件时,先单击工具栏上的按钮,随后会显示出写入内容窗口。此时,收件人地址已经设好,只需录入回复信件的内容,"回信"完成后,单击"发送"即可。

6. 转发邮件

在读完邮件以后,如果需要将它转发给其他人阅读,可以使用"转发"功能。转发时可以直接转发,也可将其作为附件转发。单击工具栏上的"转发"按钮,输入收件人的地址,根据需要在邮件正文中输入意见和建议,单击"发送"按钮。

7. 邮件密送

若不希望收件人知道该邮件除他以外的其他秘密收件人,选择"密送"。

8. 删除邮件

选定要删除的邮件,单击左侧菜单栏中"删除"按钮。为了防止误删重要的信息,被删除的邮件都保存在"已删除邮件"中。如果需要彻底删除这些邮件,就需要在"已删除邮件"中再次选中邮件后进行删除,这样才能彻底删除邮件。

🔑 知识拓展

(一)设置路由器接入 Internet

路由器和计算机连接好之后,第一次使用路由器时要先进行设置:在网址处输入192.169.1.1 或 0.1 进入设置窗口(若无法进入需翻看路由器底部标识或使用说明书),输入默认密码,通常是 admin,如图 13-25 所示。

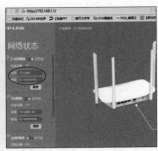

图 13-25　连接设置

单击屏幕右下角的网络图标,单击选择的网络名称→"连接","输入网络安全密钥",单击"下一步",此时就完成了与 Internet 的连接,如图 13-26 所示。

(二)查看和设置"网络配置文件"

Windows 10 中的网络配置文件分为专用和公用两种类型。

专用:家庭网络和工作网络属于专用网络。专用网络允许用户识别和访问网络中的其他计算机和设备,同时也允许网络中的其他用户可以识别和访问本机。

图 13-26　连接 Internet

公用:指无法确定安全性的网络环境,如机场、酒店等公共场所提供的无线网络。公用网络禁止用户计算机与网络中的其他计算机进行识别和访问,可以更好地保护用户的计算机。

查看和设置网络位置方法如下:

1. 单击"开始"按钮,在开始菜单中单击最左侧"设置"按钮。

2. 在打开的"设置"窗口中选择"网络和 Internet",如图 13-27 所示。

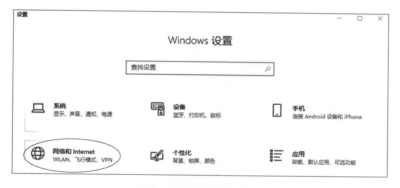

图 13-27　打开"设置"窗口

3. 在打开的窗口中单击以太网的"属性"按钮,即可查看或修改"网络配置文件"状态,将状态确定为"专用",如图 13-28 所示。

图 13-28　查看或修改"网络配置文件"

虽然在默认状态下"专用"启用网络发现,"公用"禁用网络发现,但也可以根据实际情况改变设置。也就是说可以在"专用"时禁用网络发现,"公用"时启用网络发现,方法如下:

1. 右击状态栏通知区域的"网络"按钮 ，选择"打开网络和 Internet 设置"。

2. 单击"网络和共享中心"，如图 13-29 所示。

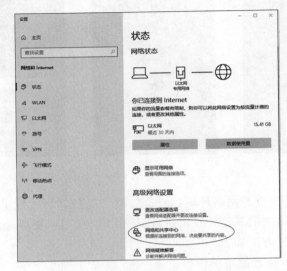

图 13-29　打开"网络和共享中心"窗口

3. 在"网络和共享中心"窗口中单击"更改高级共享设置"，如图 13-30 所示。

图 13-30　打开"高级共享设置"

4. 根据需要设置"网络发现"状态，如图 13-31 所示。

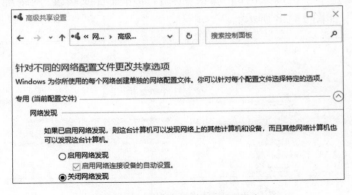

图 13-31　设置"网络发现"状态

项目十四　信息素养与社会责任

 项目描述

随着互联网技术和云计算技术的发展,人类社会已经迈进万物互联的大数据时代。互联网、大数据等跟人们生活联系紧密,信息素养成了当代高职学生综合素养的重要组成部分。信息意识与态度、信息技术知识、信息技术能力、信息策略方法和信息伦理道德等多种元素是高等职业院校学生的信息素养的重要内涵。社会和用人单位对信息素养要求也在不断提高,全面提升信息素养是提升高职学生综合素质的重要组成部分,也是现代高职学生就业、成才应该具备的能力。

 **项目目标**

学习目标:

1. 了解信息素养的基本概念和主要要素。

2. 了解信息技术发展史。

3. 了解信息安全及自主可控的要求。

4. 了解信息伦理知识并能有效辨别虚假信息。

5. 了解相关法律法规与职业行为自律的要求。

能力目标:

1. 能够树立正确的职业理念。

2. 能够培养良好的职业态度。

3. 能够明晰个人在不同行业内发展的共性途径和工作方法。

素质目标:

1. 了解信息社会责任,树立远大理想,担当时代责任。

2. 在学习中增长知识、锤炼品格。

3. 在工作中增长才干、练就本领。

 知识储备

(一)信息素养概述

1. 信息素养的定义

信息素养(Information Literacy,简称IL),这一概念最早提出于1974年,美国信息产业协会主席保罗·泽考斯基在给美国图书馆与信息科学委员会的报告中认为:信息素养是利用大量的信息工具及主要信息资源使问题得到解答的技能。

　　简单的信息素养定义来自 1989 年美国图书协会:能够判断什么时候需要信息,能够检索、评估和有效地利用信息的综合能力。它包括:文化素养、信息意识和信息技能三个层面。

　　2015 年美国大学与研究图书馆协会(ACRL)颁布《高等教育信息素养框架》,对信息素养的定义进行了扩展:信息素养是指包括对信息的反思性发现,对信息如何产生和评价的理解,以及利用信息创造新知识并合理参与学习团体的一种综合能力。

　　信息素养是一个内容丰富的概念。它不仅包括利用信息工具和信息资源的能力,还包括选择获取识别信息、加工、处理、传递信息并创造信息的能力。从世界范围来看,信息素养概念的提出、演化和发展与信息技术的发展密不可分。可以说,自计算机发明以来,计算机与其他信息技术的迅速发展及其在社会各个领域的广泛应用推动着人类社会步入信息时代,信息素养作为信息社会公民的基本素养受到了人们的重视并得以提出。

　　2. 信息素养的主要要素

　　(1)信息意识

　　信息意识是指对信息问题的敏感程度,对信息价值的判断力和洞察力。信息意识的强弱决定了对信息的捕捉、分析、判断和吸收的自觉程度。信息意识不强,会造成低水平重复研究,导致人力、物力和时间的严重浪费。

　　(2)信息技能

　　信息能力指运用信息知识、技术和工具解决信息问题的能力。它包括信息的基本概念和原理等知识的理解和掌握、信息资源的收集与管理、信息技术及其工具的选择和使用、信息处理过程的设计等能力。

　　(3)信息道德

　　信息技术,特别是网络技术的迅猛发展给人们的生活、学习和工作方式带来了根本性变革,同时也引出很多新问题,如个人信息隐私权、软件知识产权、网络信息传播等。针对这些问题,出现了调整人与人之间以及个人与社会之间信息关系的行为规范,这就形成了信息伦理。能否在利用信息能力解决实际问题的过程中遵守信息伦理,体现了一个人信息道德水平的高低。

　　信息意识决定一个人能否想到使用信息技术;信息能力决定事物的解决程度;信息道德决定在做的过程中能够遵守道德规范、合乎信息伦理。信息能力是信息素养的核心和基本内容,信息意识是信息能力的基础和前提,并渗透到信息能力的全过程。只有具有强烈的信息意识才能激发信息能力的提高,信息能力的提升,也促进了人们对信息技术作用和价值的认识。信息道德则是信息意识和信息能力正确应用的保证,它关系信息社会的稳定和健康发展。

　　我国学者从三个层次、五个方面描述了信息素养的内在结构和目标体系。

　　第一层:高效获取信息的能力,即熟练、评判性的评价、选择信息的能力;有序化地归纳、存储、快速提取信息的能力;运用多媒体形式表达信息、创造性使用信息的能力。

　　第二层:运用信息技术高效学习与交流的能力,即将以上一整套驾驭信息的能力转化为自主、高效的学习与交流的能力。

　　第三层:信息时代公民的人格教养,即学习、培养和提高信息时代公民的道德、情感以及法律意识和社会责任。

　　由此认为,信息素养的内涵至少应该包括信息意识与态度、信息技术知识、信息技术能力、信息策略方法和信息伦理道德等五个方面。我们要利用新媒体的宣传优势,营造良好的信息化环境,从而提升自身的信息素养。

（二）信息技术发展史

信息技术的发展历程经历了五次重要的技术革命：

1. 第一次信息技术革命

第一次信息技术革命是语言的使用，发生在距今 35 000 年～50 000 年前。语言的使用是从猿进化到人的重要标志，是人类进行思想交流和信息传播不可缺少的工具，使人类的信息能力有了一个质的飞越。

2. 第二次信息技术革命

文字大约出现于公元前 3500 年，引发了第二次信息技术革命。文字作为信息的载体，使信息的存储和传递突破了时间和空间的限制。

3. 第三次信息技术革命

第三次信息技术革命是印刷的发明。大约在公元 1040 年，我国开始使用活字印刷技术（欧洲人 1451 年开始使用印刷技术）。印刷术的发明和使用，使书籍、报刊成为重要的信息储存和传播的媒体，提高了信息存储的质量，扩大了信息交流的范围。

4. 第四次信息技术革命

第四次信息技术革命是电报、电话、广播和电视的发明和普及应用。1837 年美国人莫尔斯研制了世界上第一台有线电报机。电报机利用电磁感应原理（有电流通过，电磁体有磁性；无电流通过，电磁体无磁性），使电磁体上连着的笔发生转动，从而在纸带上画出点、线符号。这些符号的适当组合（称为莫尔斯电码），可以表示全部字母，于是文字就可以经电线传送出去了。1844 年 5 月 24 日，人类历史上的第一份电报从美国国会大厦传送到了 40 英里外的巴尔的摩城。1864 年英国著名物理学家麦克斯韦发表了一篇论文《电与磁》，预言了电磁波的存在。1876 年 3 月 10 日，美国人贝尔用自制的电话同他的助手通了话。1895 年俄国人波波夫和意大利人马可尼分别成功进行了无线电通信实验。电磁波的发现产生了巨大影响，实现了信息的无线电传播，其他无线电技术也纷纷涌现。1894 年电影问世。1920 年美国无线电专家康拉德建立了世界上第一家商业无线电广播电台，从此收音机成为人们了解时事新闻的重要途径。1925 年英国首次播映电视。第四次信息技术革命使信息的传递进一步突破了时空的限制。

5. 第五次信息技术革命

第五次信息技术革命始于 20 世纪 60 年代，其标志是电子计算机的普及应用及计算机与现代通信技术的有机结合使信息的处理和传递速度惊人提高，人类利用信息的能力得到空前发展。

进入 21 世纪以来，学科交叉融合加速，新兴学科不断涌现，前沿领域不断延伸。以人工智能、大数据、物联网等为代表的新一轮信息技术革命已成为全球关注重点。新一代信息技术创新异常活跃，催生出一系列新产品、新应用和新模式，极大地推动了新兴产业的发展壮大，进而加快了产业结构调整，但其发展的同时也面临着产业结构尚未实现多元化、资源跟不上发展、人力资源匮乏等问题，我们在快速发展的同时也要能够充分认识到发展过程中的问题与风险。

（三）信息安全及自主可控的要求

信息安全是指信息系统（包括硬件、软件、数据、人、物理环境及其基础设施）受到保护，不因偶然或者恶意的原因而遭到破坏、更改、泄露，系统连续可靠正常地运行，信息服务不中断，最终实现业务连续性。

信息安全主要包括五方面的内容，即需保证信息的保密性、真实性、完整性、未授权拷贝和所寄生系统的安全性。信息安全本身包括的范围很大,其中包括如何防范商业企业机密泄露、防范青少年对不良信息的浏览、个人信息的泄露等。网络环境下的信息安全体系是保证信息安全的关键,包括计算机安全操作系统、各种安全协议、安全机制(数字签名、消息认证、数据加密等)、安全系统,如 UniNAC、DLP 等。

自主可控包括信息设备、基础芯片、设备上所用的核心器件、最终服务的提供商以及服务过程中所产生的数据,并不简单的被理解为计算机国产化,因为整个信息安全里包含了网络、设备应用中所产生的数据。因此,所有这些信息安全牵扯的领域都被要求达到自主可控的程度。自主可控可以被分成两个阶段:第一个阶段,首先应该做到可控,而第二个阶段才是做到自主。

(四)信息伦理

信息伦理,是指涉及信息开发、信息传播、信息的管理和利用等方面的伦理要求、伦理准则、伦理规约,以及在此基础上形成的新型的伦理关系。信息伦理又称信息道德,它是调整人们之间以及个人和社会之间信息关系的行为规范的总和。在新媒体环境下,日新月异的科学技术使信息传播手段多样化,高职学生信息素养则要有更高的要求来适应社会的发展,这就需要高职学生保护个人隐私、提高网络信息安全意识、恪守学术规范、承担社会责任,并能有效辨别虚假信息,了解相关法律法规与职业行为自律的要求。

(五)信息法律与制度

随着中国网络安全战略及网络安全法的颁布,国内对关键基础设施及信息保护越来越重视,云、大数据成为网络空间重点保护对象,个人隐私保护成为重中之重。

为进一步强化对个人信息的保护,国家先后出台了《中华人民共和国国家安全法》《中华人民共和国网络安全法》《国家网络空间安全战略》《中华人民共和国个人信息保护法》《国家网络安全事件应急预案》《中华人民共和国密码法》等一系列法律法规。这些法律法规解释了个人信息的定义,提出了个人信息收集、使用、传输、存储的相关要求,并明确了个人信息泄露后的罚则。

网络安全标准化是网络安全保障体系建设的重要组成部分,在构建安全的网络空间、推动网络治理体系变革方面发挥着基础性规范性及引领性作用。

全国信息安全标准化技术委员会在国家标准委的领导下,在中共中央网络安全和信息化委员会办公室的统筹协调和有关网络安全主管部门的支持下,对网络安全国家标准进行统一技术归口,统一组织申报、送审和报批。其他涉及网络安全内容的国家标准,应征求中共中央网络安全和信息化委员会办公室(国家互联网信息办公室)和有关网络安全主管部门的意见,确保相关国家标准与网络安全标准体系的协调一致。

(六)个人在不同行业内发展的共性途径和工作方法

在信息技术高速发展的新形势下,在日新月异的当今社会,缺乏的是既懂理论知识又能动手的高素质技能人才。中国职业院校每年向社会输送大量毕业生,高职生在不同行业内发展的优势在于动手能力强,能很快地适应工作岗位。无论将来从事哪个行业,青年学生都要立足当下,经历共性的途径:经过不断地学习获取知识;经过社会实践汲取经验;经过反复磨炼增长能力。有了探寻发展的途径,我们还要寻找出适于广大青年学生的工作方法,在工作岗位上自我分析,提升工作技能,为今后职业发展做好铺垫,成为社会需要的有用人才。

通过研究总结,青年学生在不同行业内发展的共性途径:

1. 青年学生要树立终身学习的理念,经过不断学习获取知识,可以从书本中学习、从身边人及先进人物学习、从实践中学习,通过多种途径、手段、方法获取知识从而不断完善和提升自我。

2. 青年学生要树立善于思考和勇于创新的意识,要勤动脑、勤思考,才能把学到的知识转化为能力。

3. 青年学生要在实践锻炼中汲取经验,实践出真知,实践长才干,勇于在工作实践中锻炼提高自己,提升工作技能。

4. 青年学生要具备爱岗敬业和无私奉献的精神,要立足本职岗位,牢记新的历史使命,干一行、爱一行、专一行,努力成为本专业的行家能手。

通过广泛调研,提供适合广大青年学生的工作方法:

1. 要自我分析,包括分析自己的性格、爱好、优势和不足,以及自己掌握的知识和技能等,要进行理性、全面、深刻的分析。

2. 确定自己的发展目标,做好个人的发展规划,只有确认了个人的发展目标,这样才能让自己更快的接近或实现目标。

3. 坚持不懈走下去,认准了自己的目标,一定要坚持不懈,不管遇到什么挫折,都不要放弃。青年人,希望不忘初心,乘风破浪,向着胜利的彼岸勇敢前行。

(七)信息社会责任

信息社会责任是指在信息社会中,个体在文化修养、道德规范和行为自律等方面应尽的责任。具备信息社会责任的学生,在现实世界和虚拟空间中都能遵守相关法律法规,信守信息社会的道德与伦理准则;具备较强的信息安全意识与防护能力,能有效维护信息活动中个人、他人的合法权益和公共信息安全;关注信息技术创新所带来的社会问题,对信息技术创新所产生的新观念和新事物,能从社会发展、职业发展的视角进行理性的判断和负责的行动。

习近平总书记在庆祝中国共产党成立 100 周年大会上指出:“未来属于青年,希望寄予青年。……新时代的中国青年要以实现中华民族伟大复兴为己任,增强做中国人的志气、骨气、底气,不负时代,不负韶华,不负党和人民的殷切期望!”作为新时代的青年学生,要牢记总书记的重要嘱托和要求,树立正确的职业理想,练就过硬本领,努力掌握科学文化知识和专业技能,努力提高人文素养,在学习中增长知识、锤炼品格,在工作中增长才干、练就本领,努力成为堪当民族复兴重任的社会主义建设者和接班人。

参考文献

[1]姚琳.大学计算机基础[M].2版.北京:人民邮电出版社,2013.

[2]宋翔.Windows 10 技术与应用大全[M].北京:人民邮电出版社,2017.

[3]翟健宏.信息安全导论[M].北京:科学出版社,2018.

[4]姚忠将,葛敬国.关于区块链原理及应用的综述[J].科研信息化技术与应用,2017,8(2):3-17.

[5]林虹萍.区块链技术及在公共管理领域中的应用初探[J].南方农机,2018,23.